AF901720

Katharina Möller-Weingand | Claudi

TRAININGS THERAPIE

Zurück zur Bewegungsfreude nach Verletzungen, Lahmheiten & Co.

Osteo DRESSAGE

Müller Rüschlikon

Einbandgestaltung: R2 I Ravenstein, Verden

Titelfoto: Maresa Mader
Fotos im Innenteil: Maresa Mader, M. Stemann, Veterinär-Anatomie Leipzig
Grafiken: Claudia Weingand, R2

Autorinnen und Verlag haben den Inhalt dieses Buches mit großer Sorgfalt und nach bestem Wissen und Gewissen zusammengestellt. Für eventuelle Schäden an Mensch und Tier, die als Folge von Handlungen und/oder gefassten Beschlüssen aufgrund der gegebenen Informationen entstehen, können weder die Autorinnen noch der Verlag oder die Vertreiber des Buches zur Verantwortung gezogen werden. Eine Haftung für Personen-, Sach- und Vermögensschäden ist ausgeschlossen.

Dieses Buch wurde nach den geltenden Vorschriften der General Product Safety Regulation (GPSR) entwickelt. Bei Fragen oder Problemen wenden Sie sich bitte an den Verlag unter folgender E-Mail-Adresse: gpsr@paul-pietsch-verlage.de

Eine frühere Ausgabe dieses Buchs ist mit der ISBN 978-3-275-02209-0 erschienen.

ISBN 978-3-275-02368-4

Copyright © by Müller Rüschlikon Verlag
Postfach 103743, 70032 Stuttgart
Ein Unternehmen der Paul Pietsch Verlage GmbH & Co. KG

1. Auflage 2026

Sie finden uns im Internet unter www.mueller-rueschlikon-verlag.de

Nachdruck, auch einzelner Teile, ist verboten. Das Urheberrecht und sämtliche weiteren Rechte sind dem Verlag vorbehalten. Übersetzung, Speicherung, Vervielfältigung und Verbreitung einschließlich Übernahme auf elektronische Datenträger wie DVD, CD-ROM usw. sowie Einspeicherung in elektronische Medien wie Internet usw. ist ohne vorherige Genehmigung des Verlages unzulässig und strafbar.

Gesamtleitung: Claudia König
Lektorat: Claudia Weingand, Claudia König
Innengestaltung: R2 I Ravenstein, Verden
Druck und Bindung: Graspo CZ, 76302 Zlin, Printed in Czech Republic

INHALT

Achten Sie auf die **QR-Codes** im Buch: Einfach mit dem Smartphone scannen und kostenfreie **Videos** mit weiteren Erklärungen und hilfreichen Übungen im **OsteoDressage Online-College** entdecken!

WAS IST TRAININGSTHERAPIE?

Als Trainingstherapie (im Folgenden auch abgekürzt als TT) bezeichnen wir **das gezielte, auf körperlichen Einschränkungen oder Befunden beruhende, individuelle Training eines Pferdes.**

Zahlreiche Verletzungen und Erkrankungen, die Trainingstherapie notwendig machen, und inwiefern sich gesundheitliche Themen mit Hilfe der Trainingstherapie verbessern lassen, erläutern wir im zweiten Teil des Buches.

Ein solches therapeutisches Training kann grundsätzlich sowohl an der Hand, an der Longe als auch unter dem Sattel erfolgen. In diesem Buch werden wir uns zunächst auf das Training vom Boden konzentrieren, weil allein das schon ein solch umfangreiches Gebiet umfasst, wie wir im dritten Teil des Buches sehen werden.

In der Trainingstherapie kombinieren wir das Training des Pferdes oft mit unterstützenden Maßnahmen, welche wir im vierten Teil des Buches vorstellen werden.

Ziel jeder trainingstherapeutischen Maßnahme ist es, dass körpereigene oder durch die Tiermedizin induzierte Heilungsprozesse unterstützt werden und das Pferd seine gesunden Bewegungsmöglichkeiten (wieder)erlangt.

Die Trainingstherapie umfasst sowohl das Rehatraining nach Verletzungen und ist neben guter Fütterung und angemessener Haltung des Pferdes auch die optimale Prävention für weitere Erkrankungen.

Bewegung ist Leben. Das gilt für ein Bewegungstier wie das Pferd in besonderem Maße. Die Trainingstherapie verbessert die Bewegungs- und damit die Lebensfreude unserer geliebten Vierbeiner.

Die durch Trainingstherapie mögliche **Verbesserung der Lebensqualität** dient dabei nicht nur ausrangierten Gnadenbrotpferden, an die Sie vielleicht als erstes denken mögen, sondern explizit auch sportlich genutzten Reitpferden. Spaß und Freude an körperlicher Leistung und ein langjähriger, gesunderhaltender Einsatz auf hohem Niveau dürfen ebenfalls von Trainingstherapie unterstützt werden und profitieren in hohem Maß von unserem Konzept.

Warum muss Training Teil der Therapie sein?

Die Therapeuten unter unseren Lesern kennen das vielleicht: Sie behandeln ein Pferd nach allen Regeln ihrer Kunst. Nach anfänglicher Begeisterung und vielleicht auch positiver Rückmeldungen ist nach einigen Tagen dann aber ganz schnell doch alles wieder wie zuvor und insgeheim fragt sich sogar der ein oder andere Besitzer, ob Sie als Therapeut vielleicht gar nicht richtig gearbeitet haben oder Ihre Behandlungsmethoden generell »nichts bringen«. Kommen Sie dann zur Nachbehandlung, finden Sie oft weitestgehend dieselben Auffälligkeiten wie beim ersten Termin und die Erfolge Ihrer Behandlung sind zunichtegemacht.
Auch als Bereiter runzeln Sie vielleicht manchmal die Stirn, wenn zu einem Pferd am Stall schon wieder ein in Ihren Augen nutzloser Therapeut kommt, der immer das gleiche sagt. Ihrer Ansicht nach gehört das Pferd doch einfach endlich mal korrekt geritten, aber »auf Sie hört unter Umständen keiner« ...
Als Tierärztin kennen Sie solche Fälle, in denen die Pferde ganz bemühter Besitzer ohne gravierenden Befund unspezifisch lahmen oder auch nach eigentlich längst ausgeheilter Verletzung einfach nicht mehr richtig in die Gänge kommen.
So manch traurige und in Ihren Augen eigentlich unnötige Karriere in Richtung Frührente haben Sie schon mitangesehen. Woran liegt das?

Unphysiologische Bewegungsmuster, Crosslinks und Schmerzgedächtnis

Pferde, die eine Verletzung oder Erkrankung überstanden haben, bewegen sich oft weiterhin klamm oder unwillig bis hin zu geringgradig lahm. Dieses Phänomen führt oft dazu, dass Besitzer ihre Tiere noch mehr schonen. Der Pferdekörper wird dadurch immer unfitter: Gewichtszunahme, Stoffwechselprobleme, Abmuskeln und Verlust von Mobilität folgen meist auf dem Fuß. Das immer schlechter werdende Körpergefühl des Rehapatienten führt dann leider oft zu erneuten Verletzungen ...
Warum ein Rehapferd sich auch nach dem teuren Klinikaufenthalt nicht plötzlich wieder bewegt, als wäre es nie krank gewesen, hat mehrere Gründe, denen wir der Reihe nach auf den Grund gehen:

»Mimose« vs. »Ein Indianer kennt keinen Schmerz« – Schmerzempfinden ist individuell!

Pferde sind auch nur Menschen: Sie erleben Schmerz sehr unterschiedlich und nicht immer in Relation zur diagnostizierbaren Schwere ihrer Verletzung. Das haben britische Wissenschaftler der Queen's University Belfast (Carrie Ijichi, Lisa M. Collins, Robert W. Elwood) in einer Studie (*Pain expression is linked to personality in horses*, 2013) herausgefunden.
21 Pferde unterschiedlicher Rassen im Alter zwischen 3 und 18 Jahren wurden von einem erfahrenen Tierarzt untersucht. Die Pferde zeigten Bewegungseinschränkungen oder äußere Veränderungen an den Gliedmaßen (Schwellung o.ä.). Nach einer Ganganalyse wurden gezeigte Lahmheiten in fünf Grade eingeteilt.
Wie gravierend das tatsächliche Problem war, wurde mittels üblicher tiermedizinischer Diagnostik ermittelt: Provokationsproben (Beugeprobe), Leitungsanästhesien, Röntgen- und Ultraschall-Untersuchungen. Die Forscher erhoben zudem Informationen zur Persönlichkeit der untersuchten Pferde via Fragebögen.

Fazit der Studie: Zwischen der Lahmheit selbst und dem tatsächlichen Schweregrad des Problems bestand nur sehr bedingt ein Zusammenhang! Großen Einfluss nahm hingegen die jeweilige Persönlichkeit des Pferdes. Pferde, die von ihren Besitzern als »neurotisch« und »extrovertiert« eingestuft worden waren, zeigten weit schneller Schmerzen an, als die als »stoisch« bezeichneten Pferde. Das birgt massive Gefahren: Lahmt ein »typisches« Vollblut zum Beispiel übertrieben gesagt bereits, wenn am Vortag ein Stein im Huf schief saß, läuft der genügsame Tinker mit Sehnenschaden vorn links jahrelang zwar gebunden, aber eben für ein Laienauge lahmfrei und »biegt sich lediglich linker Hand schlecht«.

Schmerzen, Schmerzerinnerung, Schmerzgedächtnis

Schmerz ist theoretisch eine prima Sache: Er signalisiert dem Gehirn, dass etwas im Körper nicht stimmt und ist somit ein wichtiges Warnsignal. Um Schmerz wahrnehmen zu können, funken Schmerzrezeptoren, die sogenannten Nozizeptoren, elektrische Signale über die Neuronen zum Rückenmark und von dort zur Hirnrinde. Hier wird der Schmerz bewusst wahrgenommen und bewertet: Das Pferd bemerkt zum Beispiel, dass der rechte Vorderhuf weh tut, nimmt daraufhin eine Schonhaltung ein bzw. lahmt, um weitere Schäden zu vermeiden.

Verengte oder geschlossene Augen, angespannte Kaumuskulatur, verkniffene Kinn- und Nüsterpartie, nach hinten gerichtete Ohren sind typische Anzeichen des Schmerzgesichts.

Sind Entzündungen und Gewebeschäden im Spiel, produziert das Enzym Cycloxygenase (kurz »Cox«) Schmerzbotenstoffe, die die Schmerzwahrnehmung verstärken. Wenn der Schmerz chronisch wird, wird es schwierig: Das Phänomen des Schmerzgedächtnisses ist beim Menschen gut beschrieben und wahrscheinlich auf Pferde übertragbar.
Nervenzellen sind nämlich lernfähig. Wenn sie über einen längeren Zeitraum immer wieder Schmerzimpulsen ausgesetzt sind, bilden sie vermehrt Rezeptoren aus, die bereits bei schwachen Reizen, die bei gesunden Pferden die Schmerzschwelle nicht erreichen würden, Schmerzsignale an das Gehirn weiterleiten. Dann haben die Schmerzsignale die Gehirnstrukturen so umgebildet, dass das Pferd dauerhaft Schmerz empfindet, obwohl die Ursache (zum Beispiel ein Reheschub) längst ausgeheilt ist.
»Schmerzgedächtnis« bedeutet nicht, dass das Pferd Schmerzen simuliert! Auch bei chronischen Schmerzen sind Leitungsanästhesien im Rahmen der Lahmheitsdiagnostik wirkungsvoll – das Pferd empfindet echte Schmerzen, die

Verhaltensbiologisch anerkannte Hinweise auf Schmerzen beim Pferd

- nach hinten gerichtete Ohren
- erhöhte Muskelspannung im Augenbereich: verengter Lidspalt
- angespannte, deutlich hervortretende Kaumuskulatur
- zusammengepresste Maulspalte
- deutlich hervortretendes Kinn
- angespannte Nüstern

Ihren Blick für Schmerzen können Sie schulen mit der App »Horse Grimace Scale«, die 2014 von einem Wissenschaftlerteam erstellt wurde (Costa et al, 2014).

Von einem **Schmerzgesicht** spricht man, wenn mindestens eins der Merkmale deutlich ausgeprägt oder mindestens zwei Merkmale moderat ausgeprägt sind. Lediglich Falten über dem Auge oder beim Dösen vermindertes Ohrenspiel allein sind keine Schmerzzeichen.

Um **Schmerzen beim gerittenen Pferd** zu erkennen, ist das »Ridden Horse Pain Ethogram« von Dr. Sue Dyson (2021) sehr wertvoll. Zeigt ein Pferd 8 oder mehr der 24 Verhaltensweisen, sind Schmerzen sehr wahrscheinlich. Kostenfreie Infos und Videos erhalten Sie zum Beispiel unter www.24behaviors.org

wir ernst nehmen müssen. Deshalb ist es wichtig, bei akuten Lahmheiten und/oder sichtbarem Unwohlsein des Pferdes (siehe Kasten!) lieber einmal zu oft den Tierarzt zu holen und mit diesem auch über eine geeignete Schmerztherapie zu sprechen. Schmerzmittel sind nämlich mitnichten »böse«, sondern verhindern gegebenenfalls eine Manifestation des Problems!

Unphysiologische Crosslinks

Pferde gewöhnen sich – wie Menschen übrigens auch – recht schnell (innerhalb von Tagen und Wochen) an neue Bewegungsmuster. Das ist therapeutisch gesehen toll, denn hat das Pferd einige hundert Wiederholungen in einem physiologischen Bewegungsmuster gemacht, läuft es mehr und mehr »richtig«.

Faszien ...

... was ist das überhaupt? Viele Tierärzte kennen Faszien noch als straffe bindegewebige Strukturen, die man im Präparationssaal vorsichtig wegschneiden musste, um die Muskulatur freizulegen. Fasziengwebe ist in den letzten Jahren mehr und mehr in den Fokus von Forschung und Therapie gerückt und weit interessanter als man bis vor wenigen Jahren glaubte: Was alles zum Fasziengewebe gehört, wurde 2007 in Boston beim Internationalen Fascia Research Congress definiert:

»1. Alle faserigen Bindegewebsstrukturen, die den Gesamtkörper als ein kontinuierliches Netzwerk durchdringen und umhüllen
2. alle kollagenen und elastischen faserigen Bindegewebe, insbesondere Gelenk- und Organkapseln, Bänder, Muskelhüllen, Membranen, Sehnen, Retinacula (ringförmige Haltehüllen) sowie die »eigentlichen Faszien« in Gestalt von flächigen, festen Bindegewebsschichten.«

(aus: *Faszientherapie und Faszientraining für Pferde*, Welter, Welter-Böller)

Das Ganze funktioniert aber auch umgekehrt: Das Pferd gewöhnt sich schnell an unphysiologische Bewegungsmuster und Kompensationsmechanismen. Wenn es ein paar Mal die Erfahrung gemacht hat, dass es weh tut, wenn es den Huf »normal« abrollt (wie etwa beim Equine Palmar Foot Syndrom/Hufrollensyndrom), wird es eventuell auch dann noch lieber Zehenfußung zeigen und vorn gebunden gehen, wenn der eigentliche Schmerz vorüber ist. Das nennt man Schmerzerinnerung, die zum Schmerzgedächtnis mit seinen neurologischen Veränderungen werden kann.
Lernen von Bewegungen basiert immer auf der Verschaltung vom Gehirn zu den Motoneuronen der einzelnen Muskelfasern, die schließlich für die Kontraktion und damit die Bewegungsausführung zuständig sind. Der Körper bildet vereinfacht gesagt eine »Nervenautobahn« zu den Muskeln, die für das gewohnte Bewegungsmuster verantwortlich sind, und einen »holprigen Nervenfeldweg« zu denen, die er seltener benutzt. Wenn Sie als Rechtshänder versuchen, mit links Ihren Namen zu schreiben, wissen Sie, was wir meinen. Läuft ein Pferd sehr lange in einem Kompensationsmuster, drückt es z.B. seit einiger Zeit den Rücken weg, weil der Sattel nicht passt, kommt das Problem der »unphysiologischen Crosslinks« in den Faszien dazu.
Gesundes Gewebe zeichnet sich durch reibungslose Verschieblichkeit aus.

Muss das Pferd stehen und/oder hat es eine Verletzung, vermindert sich die Verschieblichkeit und das Bindegewebe kann »verkleben«. Verantwortlich ist Fibronektin, das kollagene Fasern miteinander vernetzt. Elastizität und Verschieblichkeit werden schlechter, die extrazelluläre Matrix wird zähflüssiger und das Gewebe dadurch schlechter versorgt. Man spricht von unphysiologischen Crosslinks.
Oft sieht man bereits in der Ruhehaltung, dass ein Pferd solche Faszienrestriktionen hat: Pferde, die mit sichtbarem Unterhals, schmächtiger Oberlinienmuskulatur und tendenziell weggedrücktem Rücken ruhen, haben z.B. unphysiologische Crosslinks ausgebildet. Es gibt einen erforschten Zusammenhang zwischen einer solchen Ruhehaltung und Schmerzen*. Jede Art von länger anhaltenden schmerzhaften Prozessen sorgt nahezu unweigerlich zu Schonhaltungen und unphysiologischen Crosslinks.
Im Gegensatz dazu gibt es auch physiologische Crosslinks: Diese bilden sich durch Training aus und stabilisieren das Pferd energieeffizient. Läuft ein Pferd sehr häufig in einer physiologischen Haltung, vernetzen sich kollagene Fasern z.B. in den Sehnenstreifen des *M. semispinalis* (einer der schönen Oberlinienmuskeln)

* Siehe https://journals.plos.org/plosone/article?id=10.1371/journal.pone.0044604 von Carole Fureix

Steht ein Pferd in einer solchen Ruhehaltung, ist von unphysiologischen Crosslinks auszugehen.

und dem Pferd fällt es immer leichter, ohne muskuläre Anstrengung diese Haltung einzunehmen: das Exterieur ändert sich bereits in der Ruhehaltung sichtbar und das Pferd hat die erwünschte »schöne Oberlinie«.
Ziel der Trainingstherapie ist, unphysiologische Crosslinks in den Faszien durch das Üben neuer und Überschreiben alter Bewegungsmuster zu lösen. Ideal ist die Zusammenarbeit mit einem geschulten osteopathischen Pferdetherapeuten. Doch nur das gezielte Auftrainieren der entstandenen »Schwachstellen« stabilisiert langfristig den Behandlungserfolg.

Training als Ursache für gesundheitliche Probleme

In manchen Fällen ist die »Nutzung« des Pferdes und das bisherige Training sogar die Ursache für die gesundheitlichen Probleme. Dann müssen die Teile des Trainings logischerweise ausgesetzt oder verändert werden.
Dabei stellt man sich vielleicht unwillkürlich zuerst die überehrgeizigen Sportreiter mit fiesen Trainingspraktiken vor, bei denen Pferde stundenlang in Rollkur geritten, mit Schlaufzügeln über Sprünge gehetzt, zweijährig schon in der Futurity auf dem Turnier vorgestellt oder absichtlich in die Wand geritten werden. Probleme aufgrund von reiterlicher Nutzung gibt es aber eben nicht nur bei gewissenlosen Menschen, die Pferde um des Geldes willen skrupellos ausbeuten, sondern genauso häufig auch in wohlmeinenden Sport- und Freizeitreiterkreisen. Das kann das heiß geliebte Familienpferd sein, welches sich täglich zwischen den reiterlichen Wünschen mehrerer Familienmitglieder aufteilen muss und sich eigentlich längst im Übertraining befindet. Das kann das erfahrene Wanderreitpferd sein, das schon die ganze Welt gesehen hat, aber dabei leider mit den Jahren immer gebundener geht und genau genommen vorne beidseits lahm ist, weswegen das aber keiner so richtig deutlich wahrnimmt. Das kann das hart umkämpfte Lehrpferd sein, was eigentlich an einer absolut vorbildlichen Ponyschule beschäftigt ist, dem aber trotzdem die Zeit zur Regeneration fehlt. Das kann das Liberty-Pferd sein, das aus lauter Pferdeliebe überhaupt nicht geritten wird, aber dem die engen Zirkel um seinen Menschen längst die Hufgelenke verschlissen haben, obwohl es sie doch immer freiwillig ausgeführt hat. Das kann das hoch geschätzte Reitkunstpferd sein, das zwar alle barocken Lektionen in mehreren Sprachen beherrscht, dem aber das freie, unversammelte Vorwärtsgehen im Gelände fehlt und das jetzt unter Spat und Atemwegsproblemen leidet.
Wir fassen zusammen: Auch wer sein Pferd von Herzen liebt und nur das Beste für das eigene Tier möchte, kann ohne jede böse Absicht gesundheitliche Probleme im Zusammenhang mit dem Training des Seelenpartners auslösen oder ausgelöst haben. Es gehört eine ganze Menge innerer Größe dazu, sich

»Bevor du jemanden heilst, frag ihn, ob er bereit ist, die Dinge aufzugeben, die ihn krank gemacht haben.«

Hippokrates

das einzugestehen und etwas zu ändern, umzulernen und die Bewegung des Pferdes anders zu managen und das Training umzustrukturieren. Das geschieht nicht von heute auf morgen und diesen Prozess als Trainingstherapeut zu begleiten, erfordert neben breit gefächerten Fachkenntnissen ebenso ein gutes Gespür für die Belange des Pferdebesitzers. Außerdem gibt es diverse Krankheitsbilder, die durch fehlendes Training ausgelöst werden. Viele der heute gängigen Probleme entstehen im Zusammenhang mit Untertraining und Bewegungsmangel. Manche Pferde stehen sich sprichwörtlich kaputt, und auch das betrifft längst nicht nur die armen Boxenpferde, die zu wenig freie Bewegungsmöglichkeiten haben, sondern kann selbst im Offenstall vor der Heuraufe passieren. Denn nur weil flächenmäßig genügend Platz zur Bewegung da ist, fehlt allzu oft der Anreiz. Ein paar Minuten am Tag mit den Kumpels toben und ansonsten Herumstehen ist für Pferde nicht physiologisch. In den allermeisten Haltungssystemen braucht es also tatsächlich den Menschen, der **regelmäßig** für **angepasste** Bewegung des Pferdes sorgt.

Therapie funktioniert in keinem Fall, ...

... ohne Training mit einzubeziehen. Jedes Training und natürlich auch jedes nicht erfolgte Training macht das Pferd körperlich besser oder schlechter.

Falsches oder fehlendes Training:

> verursacht Schäden
> stört Heilungsprozesse
> führt zu Kompensation und Folgeproblemen
> macht die an sich korrekte Arbeit des Therapeuten oft im Handumdrehen zunichte.

Um gesund zu werden und zu bleiben brauchen gerade die bislang untertrainierten Pferde ein planmäßig aufgebautes und nicht selten für den Besitzer arbeitsintensiv anmutendes Training. Gerade für Menschen, die ihr Pferd eigentlich hauptsächlich lieb haben möchten und deren persönliche Ziele eben nicht im Reitsport liegen, kann es ein wichtiger Schritt sein, dass es neben der Versorgung und Pflege des Pferdes ein **Bestandteil der Pferdeliebe ist, ihr Pferd adäquat zu bewegen.**

Unsere Verantwortung als Pferdetrainer, Ausbilder und Besitzer

Dass schlechtes Training dem Pferd schadet, ist klar. Es gibt gewisse Trainingsmethoden, die an der Tierschutzwidrigkeit kratzen und deren Anwendung rundweg abzulehnen ist. Die Krux an der Sache ist aber, dass auch grundsätzlich pferdefreundliche Trainingsmethoden, Konzepte und Übungen, die an sich definitiv ihre Berechtigung haben und nach bestem Wissen und Gewissen der Gymnastizierung dienlich sind, für das individuelle Pferd zum jetzigen Zeitpunkt, in der Reihenfolge, der Intensität oder ganz schlicht in der praktischen Ausführung dann leider dennoch ein unangemessenes und damit schädigendes Training darstellen.
Schon ein einziger, zu stark überschwelliger Trainingsreiz kann zu einem langwierigen Schaden führen. Das kann der eine, allzu lustige Herbstritt in tiefem Boden mit einem dafür nicht ausreichend trainierten Pferd sein, was den Sehnenschaden auslöst.
Genauso kann es sein, dass Pferde wegen monate- oder gar jahrelang ungünstigem Training von einem Kompensationsmechanismus in den nächsten fallen und dann für den nichts ahnenden Besitzer völlig unerwartet mit dem Sehnenschaden von der Koppel kommen.
Die Verantwortung dafür tragen wir alle, die wir Training anweisen oder eigenständig ausführen. Das beginnt mit dem selbständig reitenden Besitzer eines Pferdes. Wie oft reite ich mein Pferd in der Woche, auf welchem Boden und wie lange? Wie wähle ich die Strecke für den sonntäglichen Ausritt, wie lange reite ich Schritt? Wie verbissen trainiere ich vor meiner nächsten Reitstunde die Traversalen, die in der letzten nicht geklappt haben? Aber auch: Wie oft bleibe ich auf der heimischen Couch, anstatt mein Pferd überhaupt zu bewegen? Wie viel Zeit kann ich mir dafür eigentlich nehmen? Wo endet meine Komfortzone und wo ist die meines Pferdes? Pferde sind nun mal hochgradig von ihrem Besitzer abhängig. Umso mehr in der Pflicht sind Trainer, Bereiter und alternative Ausbilder. Reiter vertrauen auf unsere Ausbilderentscheidungen, etwa wie oft wir einen Sprung anreiten lassen, wie viele Runden wir am Schulterherein feilen, wann wir Pausen anweisen, auf welche Weise und wie intensiv Galoppwechsel trainiert werden. Unsere Verantwortung umfasst, wie wir den Lernweg des Reiters managen.

Reiten kann dem Pferd guttun, wenn Trainingsreize individuell angemessen gesetzt werden.

Inwiefern dürfen und müssen wir als Ausbilder zulassen, dass sich das Pferd unter dem eben noch nicht korrekt sitzenden oder noch ungeschickt einwirkenden Reiter unphysiologisch bewegt? Nehmen wir die klassische Reitlehre als Beispiel. Es handelt sich dabei um ein in sich völlig pferdefreundliches Grundgerüst mit trainingsphysiologisch sinnvoll aufeinander aufbauenden Übungsabfolgen, das ursprünglich auch militärisch organisiert mit speziell dafür ausgewählten Pferden und Reitern planmäßig durchgeführt wurde.

Heute stehen wir aber vor der Herausforderung, dieses Grundgerüst ganz individuell mit Leben zu füllen und dabei die äußeren Umstände, ein spezielles Exterieur oder Interieur zahlreicher Spezialrassen, wechselhafte Trainingsmöglichkeiten sowie die Bedürfnisse, Wünsche und Fähigkeiten des Besitzers unter einen Hut zu bringen. Da läuft die Ausbildung des Pferdes häufig eben nicht mehr so ganz nach Plan und es obliegt unserer Entscheidung, wie ausführlich wir an welchen Ecken und Enden feilen. Welche der klassischen und grundsätzlich natürlich

Ein Reitpferd über Jahrzehnte gesund zu erhalten ist unser Ziel.

sinnvollen Lektionen lassen wir in welcher Kombination von welchem Pferd und welchem Reiter heute reiten? Worauf richten wir unser Training mittelfristig aus und wie deuten wir Entwicklungen? Kommen dann noch Erkrankungen dazu, wird es immer komplizierter. Was soll und darf man denn dem individuellen Reiter und seinem Pferd im Training noch zumuten? Worauf besonderen Wert legen, wovon die Finger lassen? Muss jedes Pferd die Piaffe erlernen und wenn ja an welcher Stelle der Ausbildung? Wenn Pferden außerhalb unserer Einflussnahme bereits bestimmte Lektionen beigebracht wurden, muss ich die dann reiten bzw. reiten lassen? Welchem Pferd tut denn was genau gut? Wie erkenne ich Alarmsignale, am besten bevor der Tierarzt kommen muss? Und wie genau nehmen wir das Training wieder auf, nachdem der Tierarzt seine Arbeit getan hat?
Wir freuen uns, dass Ihnen als unser

Leser diese Verantwortung bewusst ist, sonst hätten Sie dieses Buch ja nicht jetzt gerade in der Hand.

Nicht immer ist jemand »Schuld« an Krankheit oder Verletzung!
Neben Übertraining, Untertraining und weiteren Trainingsfehlern gibt es 1001 mögliche Ursachen für verschiedene Krankheitsbilder. Genetik, also Gesundheit der Elterntiere, Aufzucht (vor allem Fütterung und Bewegung während des Wachstums) sind Risikofaktoren, die der aktuelle Besitzer vielleicht gar nicht auf dem Schirm hat. Es ist wirklich erstaunlich, wie viele Erkrankungen genetische Komponenten haben und wie gravierend sich Bewegungsmangel in den ersten Lebensmonaten eines Pferdes auf seine spätere Gesundheit auswirkt. Wir haben in den letzten Jahren leider erstaunlich viele sehr junge Rehapferde kennengelernt, die gravierende Schäden an Sehnen, Bändern, Gelenken und Co. hatten, ohne dass sie überhaupt je trainiert worden wären. Es ist als Besitzerin eines Rehapferdes definitiv wichtig, das Training, die Haltung oder möglichen Bewegungsmangel kritisch zu hinterfragen – genauso wichtig ist zu wissen, dass man nicht zwingend »Schuld« sein muss! Neben allen Risikofaktoren kann man alles richtig gemacht und trotzdem schlicht Pech gehabt haben! Stigmatisierung von Rehapferdebesitzern und die Unterstellung, dass sie bestimmt irgendwas übersehen und verbockt haben, hilft niemandem weiter und ist in vielen Fällen schlicht unfair!

Trainingstherapie: Die Disziplin zwischen Gesundheits- und Reitfachleuten

Viele Gesundheitsfachleute haben zu wenig oder keine Ahnung von Pferdeausbildung. Im Studium der Tiermedizin lernt man eben nicht, wie genau man einem Pferd das gesunderhaltende Gerittenwerden beibringt, und schon dreimal nicht, wie man das dann dem Pferdebesitzer vermittelt. Auch in der Ausbildung zum Osteopathen werden die funktionalen Zusammenhänge erstens nicht an jeder Osteopathieschule ausführlich thematisiert und zweitens steht die praktische Umsetzung auf einem ganz anderen Blatt. Mit Verlaub, auch wenn viele Tiermediziner und Therapeuten nebenbei selbst Freizeitreiter sind, können sie allzu häufig keine geeigneten Trainingsempfehlungen geben oder halten diese so allgemein, dass der durchschnittliche Besitzer damit nichts anfangen kann.
Viele Ausbilder dagegen sehen die Zusammenhänge zwischen Training und Erkrankungen nicht. Manchmal stimmt das, was gerade in der weiteren Ausbildung oder nach Wünschen und Zielen des Reiters in der Pferdeausbildung an der Reihe wäre, nicht mit dem überein, was für die Gesundung eines Pferdes wichtig wäre. Hält das Pferd das eigene Trainingskonzept nicht aus, handelt es sich dann eben um sogenanntes schlechtes Material und der Besitzer hat einfach Pech?
Andere Reitlehrer werfen im Unterricht zwar mit den Namen anatomischer

Strukturen um sich und schreiben sich die Biomechanik auf die Fahnen, erkennen aber nicht einmal mittelgradige Lahmheiten und lassen ihre Kunden munter weiterreiten, obwohl unbedingt ein Anruf beim Tierarzt angebracht wäre.
Vielen Pferden und ihren Besitzern fehlt heute leider eine korrekte Grundausbildung. Deswegen ist es ihnen manchmal überhaupt nicht möglich, Trainingsempfehlungen umzusetzen, weil eigentlich erstmal die dafür notwenigen Grundlagen geschaffen werden müssen, um am eigentlichen Problem trainieren zu können. Man kann ihnen gewisse Übungen einfach nicht empfehlen, die für das Pferd zwar sinnvoll wären, aber falsch umgesetzt sogar zu weiteren Schäden führen können.
In der Praxis sind deswegen viele Besitzer erkrankter Pferde verunsichert: Was sollen sie denn nun tun mit ihrem Pferd? Warum, wie oft und wie lange genau? Auf wen sollen sie hören?
Wir brauchen eine Disziplin zwischen Gesundheitsfachleuten, Reitfachleuten und Pferdebesitzern. Die Trainingstherapie füllt diese Lücke und soll zum einen zwischen Tierarzt, Therapeut und Ausbilder vermitteln. Zum anderen entwickelt sie angepasst an die individuellen Befunde des Pferdes und die Möglichkeiten von Pferd und Besitzer umsetzbare Übungen und unterstützende Maßnahmen.

Trainingstherapeutisches Wissen für betroffene Pferdebesitzer

Mit diesem Buch sowie natürlich in unserer praktischen Tätigkeit möchten wir Ihnen als Pferdebesitzer das notwendige Grundlagenwissen rund um die Erkrankung Ihres Pferdes geben und geeignete Übungen vorschlagen, die Sie sich selbst erarbeiten oder mit Ihrem Ausbilder vor Ort oder natürlich einem Trainer aus unserem Netzwerk erlernen können.
Wir möchten Sie ermutigen, Zusammenhängen zwischen Erkrankungen und Training Ihres Pferdes auf den Grund zu gehen und die behandelnden Therapeuten, Reiter und Trainer Ihres Pferdes an einen Tisch zu bringen. Im direkten Gespräch am Pferd lassen sich Missverständnisse ausräumen und ein für Sie praktikabler Trainingsansatz finden.

Trainingstherapie für Profis

Die Weiterbildung zum professionellen Trainingstherapeuten bietet sich an, wenn Sie bereits auf einem der betreffenden Fachgebiete aktiv sind. Dieses Buch sowie natürlich auch die von uns angebotene Zusatzqualifikation Longieren als Dialog- und Trainingstherapieausbildung, mehr dazu im Anhang, kann Ihnen helfen, dass Sie als Tierärztin eben sehr wohl in die Lage versetzt werden, die Erkrankungen nicht nur zu heilen, sondern durch konkrete Trainingsempfehlungen zu unterstützen und neuen Erkrankungen präventiv zu begegnen. Sind Sie von Haus aus Osteopathin oder Physiotherapeutin, wird die Trainingstherapie Ihre Arbeit dahingehend bereichern, dass Sie Ihre manuelle Behandlung anschließend aktiv im Training nacharbeiten und stabilisieren können, und zwar sowohl

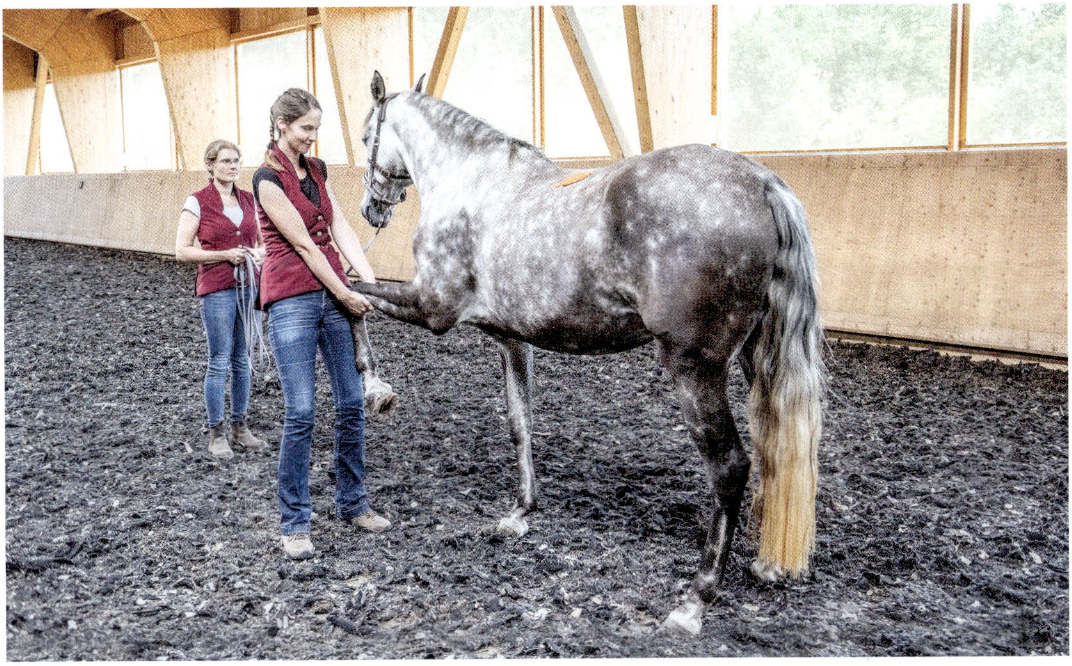

Im Anschluss an eine erfolgreiche Behandlung (hier Dehnen des breiten Rückenmuskels) wird das Training auf die Befunde angepasst.

durch die selbst aktiv durchgeführte Therapieform, als auch durch die angeleitete »Hausaufgabe« für die Besitzer. Sind Sie als Bereiter oder Reitlehrer tätig, wird die Trainingstherapie Ihr Wissen und Ihr Auge schulen, um physiologischer zu trainieren und Ihre Kunden darin zu unterstützen, Pferde nach Verletzungen und Erkrankungen korrekt anzutrainieren und neue Schäden durch adäquates Training zu vermeiden, und zwar sowohl im Beritt als auch in der Unterrichtserteilung.
Ein Hinweis zu diesem Buch: Wie Sie bereits wissen, streift und vereint die Trainingstherapie mehrere Fachbereiche. Wir möchten hiermit praxisnahe Grundlagen vermitteln, wollen und können aber natürlich weder im Schnellverfahren ein Tiermedizinstudium ersetzen, noch eine umfassende Reitlehre abliefern oder eine Therapeutenausbildung »zusammenschrumpfen«. Als Profi kennen Sie sich auf Ihrem Gebiet hoffentlich noch viel genauer aus, als es dieses Werk vermittelt. Interessant ist es aber natürlich immer, sich eben auch in den anderen Teilen weiterzuentwickeln. Wir bemühen uns bewusst, überall einerseits laienverständlich zu formulieren, denn das sind unserer Erfahrung nach eben die Formulierungen, die bei Pferdebesitzern auch wirklich ankommen können. Andererseits müssen wir fachlich so speziell werden, dass die wichtigen Zusammenhänge ersichtlich werden. An vielen Stellen nennen wir weiterführende Literatur, mit der Sie als Profi dann die Themen vertiefen können.

Voraussetzungen und Rahmenbedingungen für Trainingstherapie

Zielgerichteter Trainingstherapie muss eine Befunderhebung und eine Diagnose vorausgehen. Das kann je nach Erkrankung/Auffälligkeit entweder eine Diagnose durch den behandelnden Tierarzt sein und/oder eine physiotherapeutische oder osteopathische Befundung des Pferdes, die Auffälligkeiten gut beschreiben kann, aber niemals mit einer Diagnose gleichgesetzt werden darf. Im Idealfall sollte der Befund schriftlich vorliegen, sodass nicht nur der Besitzer, sondern auch der Reitlehrer oder hinzugezogene alternative Therapeuten schwarz auf weiß wissen, welche Befunde ein Pferd tatsächlich zum Zeitpunkt der Behandlung hatte.
Bei der mündlichen Weitergabe können gravierende Missverständnisse entstehen, insbesondere wenn der Besitzer nicht unbedingt vom Fach ist oder wenn Informationen und Empfehlungen um mehrere Ecken herum ausgetauscht werden müssen. In der Praxis erleben wir nicht selten Tierärzte, die bei unserer Nachfrage die Hände über dem Kopf zusammenschlagen, was sie angeblich alles gesagt haben sollen.
Einen schriftlichen Befund zu erstellen macht Arbeit und die muss selbstverständlich bezahlt sein. Sollte Ihr Therapeut nicht nach seiner Behandlung standardmäßig einen schriftlichen Befund mitliefern, bitten Sie ihn darum und entlohnen Sie diese Zusatzleistung entsprechend.
Nicht nur zur Auswahl der passenden Trainingsmaßnahmen, sondern auch wenn später der Verlauf der Erkrankung und die Erfolge der Behandlung und eben auch des Trainings kontrolliert werden sollen, sind schriftliche Befunde Gold wert. Was genau soll von wem, wie lange und wie oft trainiert werden? Wer kontrolliert wann den Verlauf?

»Trainierbar« ist nicht dasselbe wie »reitbar«

Je nach Vorerkrankung kann es sinnvoll oder sogar notwendig sein, schon weit vor der Reitbarkeit des Pferdes trainingstherapeutisch tätig zu werden. In diesem Buch stellen wie zahlreiche Mittel und Wege vor, die das Pferd in der Genesung unterstützen und es darauf vorbereiten, wieder reitbar und langfristig gesund zu werden.
Hier passieren oft Missverständnisse: Wird Ihr Pferd für »trainierbar« erklärt, heißt das nicht, dass Sie einfach wieder losreiten können, als sei nie etwas gewesen. Wird Ihr Pferd dagegen für »noch nicht wieder reitbar« erklärt, heißt das nicht, dass Sie nicht gut und gerne gezielt vom Boden aus sinnvoll trainieren können oder sollten.

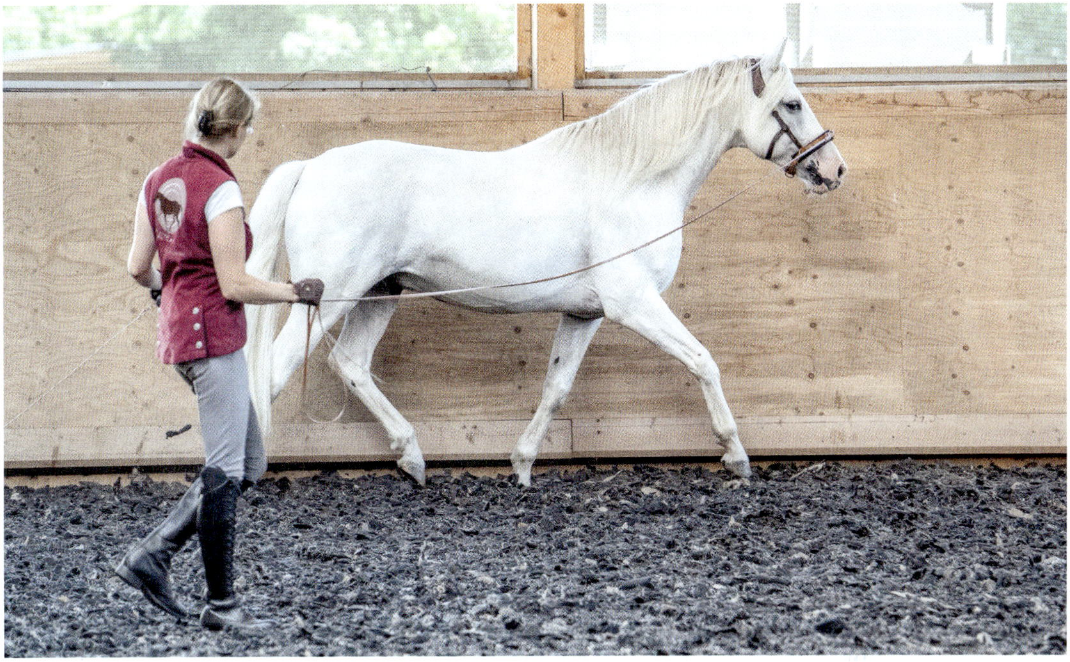

Es geht nicht nur darum, welche Trainingsherapiemaßnahmen sinnvoll sind, sondern vielmehr ist entscheidend, wie diese umgesetzt werden.

Wann steht nach einer Sehnenverletzung zum Beispiel der Kontroll-Ultraschall an oder wann vergleicht der Osteopath erneut die Bemuskelung der beiden Hinterbeine? Fragen Sie als Besitzer bei Unklarheiten so konkret wie möglich nach. Auch ein direktes Gespräch zwischen Osteopath, Tierarzt und Trainer ist oft sinnvoll. Bitten Sie Ihren Therapeuten ggf. höflich, ob Ihr Trainer ihn anrufen darf, und erteilen Sie den Fachleuten Ihre Erlaubnis, sich über Ihr Pferd auszutauschen.
Soll das Training nach einer Erkrankung wieder aufgenommen werden, wegen der das Pferd Boxenruhe oder gänzliche Weidepause hatte, ist vorher unbedingt das »Go« des behandelnden Tierarztes einzuholen.

Fähigkeiten und logistische Möglichkeiten des Pferdebesitzers oder Bereiters

Eine wichtige Frage für jede Trainingsempfehlung und sogar noch dringender vor dem Start einer Trainingstherapiemaßnahme sind die Ressourcen, die im Umfeld des Patientenpferdes zur Verfügung stehen. Es nutzt niemandem, ein Training zu empfehlen, was in der Praxis nicht durchführbar ist.
Zum einen geht es um die logistischen Trainingsmöglichkeiten, die zur Verfügung stehen. Wenn beispielsweise für einen Sehnenpatienten theoretisch lange Schrittspaziergänge auf hartem Boden angezeigt wären, aber der Stall örtlich so gelegen ist, dass man ab Hof bergab auf

rutschigem Wiesenweg wandern oder einen Steilhang hochklettern müsste, dann ist Spazierengehen hier eben nicht der richtige Ansatz. Steht dem gegenüber eine 60 m lange Reithalle mit perfekt gepflegtem Boden zur Verfügung, dann kann der Sehnenpatient besser dort ganze Bahn geführt und später geritten werden, anstatt durch den Matsch zu schlittern oder den Berg hoch zu kraxeln. Außerdem stellt sich natürlich immer die Frage nach dem Ausbildungsstand von Mensch und Pferd. Auf welchen Grundlagen kann man hier aufbauen?

Oft werden mögliche Trainingsmaßnahmen durch die Fähigkeiten des Besitzers eingeschränkt. Wäre es theoretisch sinnvoll, ein Pferd auf eine bestimmte Weise zu biegen und etwa Renverspirouetten auszuführen, was der Besitzer aber gar nicht kann, dann richtet er mehr Schaden als Nutzen an, wenn er es dennoch irgendwie versucht.

Trainingstherapie ist in den allermeisten Fällen mit einem Lernprozess des Besitzers verbunden. Bevor dieser die Renverspirouette aus unserem Beispiel ausführen kann, muss er zum Beispiel die Grundlagen der Handarbeit wie Zügelführung, Gertenposition und so weiter erlernen, erarbeitet sich dann gemeinsam mit seinem Pferd die korrekte Biegung und Konterbiegung auf normalen Volten sowie das Schenkelweichen und gelangt dann nach mehreren Wochen des Trainings beim Renvers an. Das Gute daran ist, dass bereits die Heranführung an das Thema trainingstherapeutisch wirksam ist.

Auch eine saubere Volte und ein korrektes Schenkelweichen sind bereits hilfreich, wie wir im dritten Teil des Buches ausführlich erläutern werden, nicht erst die Endlektion Renvers.

Wichtig: Dieser Lernprozess erfordert eine fachkundige Begleitung. Genau wie für »normales Reiten« muss man auch die Handarbeit, das Longieren und alle weiteren Maßnahmen mit Hilfe von Unterricht erlernen. Das kann man sich in den seltensten Fällen mal eben schnell in einer Einheit zeigen lassen, denn es kommt auf viele entscheidende Details an. Hier ist also definitiv der Reitlehrer gefragt, der zum einen selbst versteht, wie genau die Lektionen dem Pferd aufgrund seiner Befunde dienen können und wie genau sie ausgeführt werden müssen. Zum anderen braucht es didaktisches und pädagogisches Geschick, das dann dem Besitzer nahezubringen, denn schließlich geht es nicht nur darum, was gemacht werden soll, sondern wie genau das ausgeführt wird. Häufig war die bisherige Ausführung der Übungen gut gemeint, aber eben noch nicht korrekt und der Besitzer muss umlernen.

Die Möglichkeiten der trainingstherapeutischen Maßnahmen hängen natürlich auch stark vom Ausbildungsstand des Pferdes ab. Wäre beispielsweise das Longieren der Basisübung, siehe Seite 97, mit Tempounterschieden und Cavaletti

Gesundheitsförderliches Training im Gelände erfordert eine gute Grundausbildung, eine gelassene Begleitung und das passende Reitgelände.

sinnvoll, das Pferd lässt sich aber überhaupt nicht longieren und springt quer über alle Trabstangen, dann müssen hier zunächst Grundlagen nachgeholt und Probleme korrigiert werden.

»Therapie-Beritt«

Unglücklicherweise fallen Erkrankungen ja allzu häufig auch mit Widersetzlichkeit und »Problemverhalten« zusammen.
Oft haben Pferde sich aus gutem Grund bestimmte Ausweichmanöver oder sogar die direkte Konfrontation mit dem Menschen angewöhnt, um ihren eigenen körperlichen Problemen auszuweichen und womöglich jahrelang unentdeckte Schmerzen bei der Arbeit zu vermeiden. Selbstverständlich steckt hinter solchem Fehlverhalten keinerlei böse Absicht des Pferdes, dennoch handelt es sich dann um Korrekturpferde. Neben der tiermedizinischen und therapeutischen Betreuung des Pferdes, welche die Probleme aufspüren und oft mehrschrittig behandeln müssen, ist bei Korrekturpferden ein versierter Ausbilder vonnöten. Er bringt dem Pferd nach seiner Genesung das gesunde Bewegungsverhalten nahe und macht ihm durch gekonnte Ausbildung die Mitarbeit wieder schmackhaft. Im Anschluss daran überträgt er dann die Ausbildungsinhalte Schritt für Schritt auf den Besitzer. Im Idealfall hat dieser in der Zwischenzeit mit einem gut ausgebildeten Lehrpferd beispielsweise das Longieren als solches gelernt und kann auf guter technischer Grundlage dann sein Pferd wieder übernehmen.

Auch das Thema Beritt und vielleicht sogar ein Stallwechsel können zum Zweck des Rehatrainings in Frage kommen. Es gibt beispielsweise diverse Probleme, die sich durch lange Trabreprisen auf ebenem Boden im Gelände lösen lassen, idealerweise oft sogar als Handpferd oder unter fähigem, leichten Reitergewicht. Wenn das Pferd bisher weder im Gelände geritten, noch als Handpferd mitgeführt worden ist, dann muss für diesen Trainingsschritt ein passendes Begleitpferd gefunden werden, damit es taktmäßig und losgelassen traben lernt. Dasselbe gilt auch, sollte der Reiter für den aktuellen Trainings- oder Gesundheitszustand des Pferdes schlicht zu schwer sein oder Angst vor dem Ausreiten haben.
Im Idealfall begleitet es der Besitzer auf einem gelassenen Lehrpferd, um parallel selbst die ihm fehlenden Fähigkeiten und fehlende Routine im Geländereiten zu erlangen. Ziel ist es, das Pferd nachher selbständig weiter gesunderhaltend trainieren zu können. Auch ein Stallwechsel kann unter Umständen Sinn machen oder sogar unumgänglich sein. Um bei unserem Beispiel zu bleiben braucht es ein Reitgelände, in dem das Trabtraining auf langen, ebenen Strecken mit griffigem Boden überhaupt möglich ist. Ein anderes Pferd benötigt vielleicht einen Stall, in dem das Longieren in der Reithalle erlaubt ist oder einen, in dem viele kleine Heuportionen rund um die Uhr gefüttert werden können und so weiter.
Mit Sicherheit ist der finanzielle Aufwand hier für viele Pferdebesitzer ein leidiges

Lange Schrittspaziergänge sind ein optimales Pausentagprogramm.

Thema. Pferdegerechte Unterbringung und Fütterung, gute Trainingsmöglichkeiten und passende Ausbildung oder Korrektur sind nicht an jeder Ecke zu finden und kosten nun mal einfach Geld. Eine Kolik-OP ist allerdings immer noch deutlich teurer als eine gute Heuversorgung. Über Jahre mit wiederkehrenden Sehnenschäden durch die Matschkoppel zu bocken ist auf Dauer auch teurer, als den ersten Sehnenschaden in professionellem Umfeld auszukurieren und korrekt antrainieren zu lassen. Sich rechtzeitig Hilfe zu holen, in die eigene Ausbildung und artgerechte Pferdehaltung zu investieren erspart dem Pferd viel Leid und kann den Unterschied zwischen chronisch schmerzhafter Frührente und einem langen Leben als Reitpferd ausmachen.

Wie kam es zu Läsionen? – Der Osteopath als Detektiv

Egal ob Sehnenschaden, Kolik oder Rückenschmerzen: Die meisten Erkrankungen treffen ein Pferd nicht aus heiterem Himmel, sondern kündigen sich lange vorher an. Im Grunde ist (neben der Reha-Begleitung) genau das der Beruf von Osteopathen und Physiotherapeuten: sich anbahnende Probleme aufzuspüren und möglichst abzuwenden. Es ist zwar unangenehm, aber mitnichten übertrieben, wenn der Therapeut zum Beispiel auf die chronische Überlastung eines Vorderbeines oder Verspannungen bestimmter Muskelgruppen hinweist und eine umfassende Trainingsempfehlung gibt, um ein größeres Problem zu verhindern.

Wir fassen hier die häufigsten Fehler zusammen, die in Haltung und Training gemacht werden und (neben dem »normalen« Risiko, erblich bedingten Problemen oder in Aufzuchtmängeln begründete Probleme) letztlich zu Verletzungen und Erkrankungen führen.

Schlechte Trainingsplanung: Überfordern und »Kaputtschonen«

Leider ist es immer noch gängige Praxis, Jungpferde, die völlig untrainiert von der Koppel kommen, drei Monate in Profi-Vollberitt zu geben und von roh auf turnierreifes A-Niveau ausbilden zu lassen. Tatsächlich spricht Muskulatur sehr flott auf Trainingsreize an und nach 12 Wochen Training sieht das Jungpferd bereits »schön rund« aus.
Jeder überschwellige Trainingsreiz (= etwas mehr als Alltagsbelastung, im Fall eines rohen Pferdes bereits 10 bis 20 Minuten Trab an der Longe und natürlich das Laufen unter Reitergewicht überhaupt!) belastet Muskulatur, Sehnen, Bänder, Gelenke, Knochen, Herz-Kreislauf-System etc. Regeneration von dieser Belastung funktioniert nur, wenn das Pferd Pausentage ohne überschwellige Reize eingeräumt bekommt. Muskulatur benötigt beispielsweise 48 Stunden, Sehnen und Bänder sogar 72 Stunden zur Regeneration.
Es wäre also sehr sinnvoll – auch bei älteren Pferden – beanspruchendes Training nur jeden dritten Tag zu absolvieren und dazwischen das Pferd lediglich im unteren Pulsbereich zu bewegen (siehe unser Onlinekurs »Trainingsplanung«).
So kann sich der Körper schadensfrei allmählich steigender Belastung anpassen. Trainiert man ohne Pausentage immer weiter in beanspruchtes Gewebe, sind Mikroläsionen, die sich zu größeren Traumata summieren können, vorprogrammiert. Das gilt auch für erwachsene Pferde, die bitte nicht täglich so trainiert werden sollten, dass sie schweißüberströmt sind.
Die Realität sieht leider anders aus: Ein Pferd in Vollberitt soll häufig fünf bis sechs Mal in der Woche gearbeitet werden, denn der zahlende Kunde möchte Ergebnisse sehen – die fürs Pferd so nötigen »Bummeltage« mit lockerem Ausreiten, Spazierengehen oder Longieren halten manche »Beritt-Stallkunden« eher für Geldverschwendung. Sie kosten aber auch Arbeitszeit und müssten genauso gut bezahlt werden. Diese Praxis – zu schnell zu viel und ohne Zeit für Anpassung – rächt sich eventuell Jahre später im »Sehnenschaden von der Koppel«, oder in Schäden an den Strukturen der Hufrolle, Gelenkerkrankungen, Rückenproblemen, Magenproblemen (die Psyche muss auch regenerieren!) oder Kolikneigung.

Mangelbewegung und Überfütterung sind allzu oft die Wurzel der gesundheitlichen Probleme.

Wenn Bewegungsmangel krank macht

Nicht weniger schlecht ist auch das »Kaputtschonen« des Pferdes. Pferde sind darauf ausgelegt, 16 Stunden am Tag im ruhigen Weideschritt zu wandern und dabei um die 30 Kilometer zurückzulegen. Reitpferde stehen dagegen je nach Haltungsform wahlweise in der Box oder vorwiegend vor der Heuraufe und legen nur wenige hundert Meter bis Kilometer im einstelligen Bereich am Tag zurück. Wenn der eigentlich wohlmeinende Besitzer dann eine lockere 3-Kilometer-Runde im Gelände völlig falsch als überschwelligen Trainingsreiz einschätzt, und das Pferd an den Folgetagen (schlimmstenfalls die ganze Woche) im Offenstall ohne Bewegungsanreize vor der Heu-ad-libitum-Raufe parkt, und jener Besitzer zusieht, wie es immer dicker wird, schadet er ihm nicht wesentlich weniger als der »böse« Sportreiter, der gar keine Pausentage macht.

Auch (eigentlich orthopädisch gesunde) Pferde, die lediglich unterschwellig trainiert werden (nur Zirkustricks, nur Schrittarbeit, nur Laufen in verkürztem Gangmaß, nur Schrittspaziergänge) und quasi nie auch mal frisch vorwärts traben und galoppieren dürfen, bekommen auf lange Sicht Probleme – es sei denn, sie werden wirklich sehr naturnah gehalten und bewegen sich tatsächlich viele Kilometer am Tag z.B. im Paddocktrail.

Ganz wichtig zu erwähnen ist auch die aktive Erholung: Nach überschwelligen Trainingsreizen braucht das Gewebe, wie oben erwähnt, einen oder zwei Tage Pause für die Regeneration, also das Füllen der Energiespeicher in den Muskeln, Kollagensynthese in den Sehnen, Reparation kleinster Mikroläsionen etc.

Nun heißt Pause aber keinesfalls Herumstehen in der Box, auch wenn diese einen mehr oder weniger großen gepflasterten Balkon besitzt! Ein Pferd »mal stehen zu lassen« geht wirklich nur, wenn es mehrstündige freie Bewegung und zwar mit Kontakt zu Artgenossen hat. Das steht so auch in den Tierschutzleitlinien.

Freie Bewegung ist Bewegung auf Flächen, auf denen das Pferd durchaus mal galoppieren kann. Darüber hinaus schadet es auch am Pausentag nicht, das Pferd locker zu bewegen: Schrittspaziergang, Handarbeit im Schritt, lockeres Longieren, beim trainierten Pferd ruhiges Ausreiten im Schritt und Trab etc. sind bestens geeignet für die aktive Erholung.

Mangelbewegung bzw. Überfütterung sind Risikofaktoren für das Equine Metabolische Syndrom (EMS) und Hufrehe, Darmprobleme, Atemwegsprobleme, sogar Hufrollensyndrom (Equine palmar foot syndrom), einige Knieprobleme und degenerative Gelenkserkrankungen, um nur einige zu nennen. Leider haben wir auch sehr junge Pferde mit starken Rückenproblemen bis hin zu Kissing Spines in der Trainingstherapie, weil ein viel zu schwerer Bauch mit völlig untrainierten Bauchmuskeln an einer jugendlichen Wirbelsäule zieht. Ein ungerittenes

Pferd kann definitiv »trageerschöpft« sein! Es ist keinesfalls pferdefreundlich, ein Pferd in den ersten sechs Lebensjahren gar nicht zu arbeiten und obendrein eher bewegungsarm zu halten. Möchte man dann »endlich anfangen«, plagt sich das Pferd bereits mit chronischer Hufrehe und starken Rückenverspannungen und wird so zum Frührentner (mehr zum Thema im Pathologie-Kapitel).
Fatal ist auch, wenn Besitzer mit ihren mangeltrainierten Pferden sonntags ins Gelände reiten, einmal im Jahr plötzlich zur Herbstjagd aufbrechen oder ohne weitere Vorbereitung den Springlehrgang mitreiten. Neben einem Muskelkater ihres Lebens bekommen diese Tiere dann eventuell Bänder- und Sehnenverletzungen gratis dazu ...

Unphysiologisches Training ...

... ist Training, das definitiv schadet. Exzessives »Strampelnlassen« in der Trabverstärkung oder im Tölt in absoluter Aufrichtung, das bewusste Herausreiten der unnatürlichen Spanntritte, die wir leider in den hohen Dressurklassen sehen, enges Zirkeln des schiefen Pferdes, womöglich in höheren Gangarten, »Fencing«, also abruptes Abbremsen gegen die Bande, oder exzessives Springtraining belasten massiv an jeweils unterschiedlichen Stellen Sehnen, Bänder und Gelenke des Pferdes und führen früher oder später auf jeden Fall zu Verletzungen.

Unpassendes Equipment

Schäden, die ein unpassender Sattel machen kann, sind weitreichend. Wie sich jeder vorstellen kann führt punktueller Druck auf jeden Fall zu Schmerzen und damit verbundenen Verspannungen. In der Rückenlendenbinde sitzen sehr viele Nozizeptoren, also Rezeptoren für die Schmerzwahrnehmung. Irritationen der Fascia thoracolumbalis führen schnell zu schmerzhaften Prozessen.
Das Pferd drückt dann eher den Rücken weg, statt losgelassen mit schwingendem Rücken zu gehen. Die Rückenschmerzen verstärken sich durch das festgehaltene Gehen und Spätfolgen wie Kissing Spines werden wahrscheinlicher.
Nicht nur die Muskulatur »macht dicht«, auch die Verschieblichkeit der Faszien vermindert sich. Da Faszien alles mit allem verbinden, kann ein auf der Rückenlendenbinde *(Fascia thoracolumbalis)* drückender Sattel über das Faszienkontinuum über Fascia glutae und Fascia lata zu einer steilen Knie- und Sprunggelenksstellung und auf Dauer zu Knieproblemen und Spat führen. Drückt der Sattel auf der Widerristbinde bzw. im Bereich des *M. trapezius thoracis* direkt hinterm Schulterblatt, wird das Pferd den *M. trapezius cervis* verspannen, um das Schulterblatt aus dem Schmerz zu nehmen, der Gang wird gebundener, unphysiologischer. Der *M. serratus ventralis*, der Hauptrumpfträger, arbeitet schlechter. Er wirkt wie ein oberer Stoßdämpfer, der das Rumpfgewicht zwischen den Schulterblättern

abfedert und am sprichwörtlichen »Widerristheben« maßgeblich beteiligt ist.
Tut dieses »Nach-oben-Bouncen« weh, trainiert er sich nicht auf und Sehnen, Fesselträger und Fesseltrageapparat werden vermehrt belastet.
Nicht zuletzt setzt ein unpassender Sattel den Reiter falsch und verhindert gesunde Gymnastizierung.

Mangelndes Ausgleichen von Schwächen

Über die natürliche Schiefe sind Bücher geschrieben und Glaubenskriege geführt worden. Heute gibt es zum Thema Lateralität (»Seitigkeit«) viel Forschung. Wir empfehlen wärmstens das Buch »Lateralität bei Pferden« von Prof. Dr. Konstanze Krüger, Isabell Marr und Kate Farmer (KOSMOS Verlag).
Durch Verletzungen oder Reiterschiefe können Schiefesituationen sich übrigens ändern. Wichtig an dieser Stelle: Was nachweislich asymmetrisch macht ist Stress (in Training und/oder Haltung):

In diesem **Freebie** erklären wir drei Zeichen einer Hinterhandlahmheit:

https://delightful-riding.de/s/OsteoDressage/problemzone-hinterhand

Nutzt das Pferd ein Bein oder ein Beinpaar mehr und intensiver als die anderen Beine, ist Verschleiß wahrscheinlich.
Wichtig: Ein stark asymmetrisches Gangbild ist kein Zeichen von Schiefe, sondern von Lahmheit! Gerade Hinterhandlahmheiten werden häufig als Schiefe missgedeutet und selten erkannt.

Fehler in der Aufzucht

Die Aufzucht und auch die Genetik spielen, wie bereits erwähnt, eine erhebliche Rolle bei der Entstehung von Pathologien. OCD (Osteochondrosis dissecans, auch als »Chips« bezeichnet) ist beispielsweise vererbbar oder entsteht beim Fohlen eher, wenn die tragende Stute zu wenig mit Kupfer versorgt wurde oder die Fohlen mit zu viel energiereichem Futter in überschnelles Wachstum gepusht werden.
Auch Mangelbewegung ist ein großer Risikofaktor: früh im Jahr geborene Fohlen hatten laut diverser Studien ein deutlich höheres OCD-Risiko, weil sie witterungsbedingt in den ersten Lebensmonaten nur stundenweise Auslauf bekommen haben.
Auch Sehnen- und Fesselträgerschäden sind beim älteren Pferd viel wahrscheinlicher, wenn das Pferd in den ersten beiden Jahren der Aufzucht zu wenig Bewegung hatte. Dasselbe gilt für Knieprobleme und diverse Stellungsfehler, die weitere orthopädische Folgen haben.
Auch kann bereits in den ersten Lebensmonaten der Grundstein für Atemwegs- und Darmthemen gelegt werden.

Entspanntes Liegen ist unersetzlich für die Regeneration.

Fütterungs- und Haltungsfehler

Diese Punkte hängen meist eng zusammen. Natürlich ist es schädlich und mittlerweile eigentlich überall bekannt, Pferde womöglich ausschließlich in der Box zu halten und vielleicht zwei Mal am Tag 3 kg Heu, aber kiloweise Hafer zu füttern. Da sind für den Dauerfuttersucher und das Bewegungs- und Herdentier Pferd Magengeschwüre, Darmprobleme bis hin zur Kolik, Atemwegsschäden und Verhaltensstörungen vorprogrammiert. Darf sich das Pferd dann vielleicht nur kurz »ausbocken« oder wird es eine Stunde am Tag knackig geritten, führt das schnell zu Schäden am Bewegungsapparat.
Doch auch die oft als per se artgerecht eingeschätzten Offenställe sind nicht in jedem Fall gut: Risikofaktor für Magenprobleme sind zu wenige Fressplätze, zu viele Pferde auf zu engem Raum und eine nicht optimale Herdenkonstellation, denn der Magen reagiert empfindlich auf jede Art von Stress. Fütterungspausen von mehr als vier Stunden erhöhen das Risiko für Magengeschwüre enorm.
Häufig sind Lauf- und Aktivställe durchgehend gepflastert, was bei Rangeleien leicht zum Ausrutschen führt. Der vorwiegend harte Boden ist suboptimal für Pferde mit Gelenkproblemen, Rehepferde oder Hufrollenpatienten. Matschkoppeln hingegen sind große Risikofaktoren für Verletzungen der Bänder, Sehnen und des Fesselträgers.
Mangelnde Einstreu, zu wenige Liegeflächen und unkluge Platzierung der Liegehalle (z.B. direkt neben der Heuraufe) oder auch zu klein bemessene Boxen erhöhen das Risiko an Pseudonarkolepsie zu erkranken. Diese Pferde leiden unter mangelndem Tiefschlaf, weil sie sich nicht ablegen möchten und

brechen während des Dösens völlig übermüdet zusammen. Das ist nicht nur psychisch stark alarmierend, sondern führt zu Verletzungen an Fessel- und Karpalgelenk, Kniegelenk bis hin zu Kopfverletzungen (eine interessante Studie dazu hat Dr. Christine Fuchs durchgeführt).
Letztlich kann die Optimalhaltung für ein bestimmtes Pferd richtig sein, hingegen massiv schlecht für ein anderes. Verträgt zum Beispiel ein gesundes Warmblut 24 Stunden Weidegang im Sommer hervorragend, bekommt das Shetty oder der Tinker direkt Hufrehe. Fühlt sich das eine Pferd im Offenstall sehr wohl, kann ein anderes in seiner Box mit stundenweisem Auslauf viel glücklicher und ausgeglichener sein.

Jede Form von chronischem Stress ...

... ist ein Risikofaktor für Schäden am Verdauungs- und Bewegungsapparat. Chronischer Stress hält den Organismus in dauerhafter Alarmbereitschaft.
Er ist ein Risikofaktor für Magen- und Darmbeschwerden: Gesteuert wird der Verdauungsprozess vom Enterischen Nervensystem (ENS), einem Geflecht aus vielen Millionen Nervenzellen, die ohne direkte Steuerung durch das Hirn arbeiten können, aber über das vegetative Nervensystem (Sympathikus und Parasympathikus) beeinflusst werden. Neben der Produktion von Verdauungssäften reguliert das ENS die Muskelbewegungen von Magen und Darm. Bei Stress, der ja eigentlich den Körper auf Flucht oder Kampf vorbereiten soll, brauchen Herz, Lunge und Muskeln Energiereserven, die aus dem Magen-Darm-Trakt abgezogen werden, denn Verdauungsprozesse kosten sehr viel Energie, benötigen viel Sauerstoff und Blut. Magen und Darm werden dauerhaft schlechter durchblutet und in ihrer Funktion gestört, wenn das Pferd chronisch »unter Strom« steht. Verstopfung, Blähungen, Kotwasser, Kolikneigung sowie Magengeschwüre sind häufige Folgen.
Stress erhöht den Muskeltonus der Skelettmuskeln und führt dadurch zu Beweglichkeitseinschränkungen und evtl. schmerzhaften Verspannungen. Zudem kontrahieren die kleinen glatten Muskelzellen in den Faszien, die Verschieblichkeit des Fasziengewebes wird schlechter und es kann zu Verfilzungen (unphysiologische Crosslinks) und weiteren damit verbundenen Problemen am Bewegungsapparat kommen.
Es kann sogar zum sogenannten Pseudo-Cushing kommen, wenn durch anhaltenden Stress der Spiegel des Stresshormons Cortisol dauerhaft erhöht ist. Cortisol ist ein Gewebe abbauendes Hormon, das Energiereserven für Flucht oder Kampf bereitstellt und Immunreaktionen unterdrückt. Super in Flucht-Situationen, schlecht wenn der Cortisolspiegel dauerhaft erhöht ist. Betroffene Pferde bauen Muskulatur ab, bekommen Fellwechselprobleme, Verletzungen heilen

eventuell schlechter und die Gefahr für Hufreheschübe steigt.
Mögliche Stressfaktoren sind häufige Transporte, Stress im Training, Stress durch Tiefschlafmangel (wobei das eine Frage nach Henne und Ei ist), Stress durch zu wenig freie Bewegung, schlechte Herdenkonstellation, zu wenig Platz/Pferd im Offenstall, Stress durch schlechtes Fütterungsmanagement, Stress durch chronische Schmerzen und leider viele weitere ...

Wann und inwieweit ist ein Pferd trainierbar?

Die Grundregel lautet, dass Training immer nur in lahmfreien Gangarten stattfinden kann. Ist ein Pferd also im Schritt lahmfrei, ist es im Schritt trainierbar, und wir haben bereits trainingstherapeutisch zahlreiche Möglichkeiten, dem Pferd zu helfen, auch wenn es »nur« im Schritt ist. Ein sinnvolles Training im Schritt ist oft schon möglich und zielführend, auch wenn noch eine ganze Weile nicht »mehr als Schritt« geht. Lahmt ein Pferd im Trab, ist es weder im Trab noch im Galopp trainierbar. Eine für den Besitzer ersichtliche Lahmheit im Schritt und Trab ist immer ein Fall für den Tierarzt und muss weiter oder erneut abgeklärt werden. Bitte machen Sie nicht von der Unsitte Gebrauch, ein im Trab »tickerndes« (also lahmendes!) Pferd einfach direkt zu galoppieren, »weil es im Galopp schließlich normal läuft« (da man die Lahmheit dort schlicht nicht sieht

Trainingstherapiemaßnahmen können bereits im Schritt wirksam durchgeführt werden.

und/oder der Schmerz vom Adrenalin überlagert wird)!
Ein Training im Galopp ist ab dem Zeitpunkt möglich, ab dem ein Pferd im Trab gänzlich zwanglos (genau erklärt im Buch »Dehnungshaltung«) und taktrein zwanzig Minuten lang in der Dauermethode traben kann, ohne im Laufe der Zeit oder am folgenden Tag schlechter zu gehen. Inwiefern dann ein Training im Galopp sinnvoll ist, hängt von der Art der Erkrankung und dem Trainingszustand verschiedener Strukturen (etwa dem Rumpftrageapparat, der Bauchmuskulatur, den Fesselträgern) ab. Speziell zum Galopp sei gesagt, dass die Dosis das Gift macht. Je zwei Runden im Links- und Rechtsgalopp ganze Bahn können die Losgelassenheit bereits zu einem Zeitpunkt hervorragend fördern, zu dem Galopptraversalen oder Jagdgalopp noch längst nicht wieder guttun.

Lahmheit erkennen

Um zu sehen, ob ein Pferd im Trab lahmt, muss man es traben. Hochgradige Lahmheit erkennt auch der Laie zum Glück sofort, wenn das Pferd sichtbar »humpelt« oder nahezu »auf drei Beinen läuft«. Dass das Training sofort abzubre-

Training ist grundsätzlich nur in lahmfreien Gangarten möglich.

Checkliste: Lahmheit erkennen

- Tritt ein Hinterbein merklich kürzer (von der Seite betrachtet) oder merklich breiter (von hinten betrachtet) als das andere?
- Nickt das Pferd (von der Seite betrachtet) im Trab immer mit dem Kopf, wenn ein bestimmtes Vorderbein belastet wird?
- Pendelt der Pferdehals im Schritt oder sogar im Trab (von vorne betrachtet) zu einer Seite, also vor ein bestimmtes Vorderbein, anstatt den Hals einfach mittig vor dem Rumpf zu lassen?
- Machen beide Vorder- oder auch die Hinterbeine oder auch nur ein einzelnes Bein eine seltsame »Rührbewegung« in der Luft, bevor das Pferd den Huf aufsetzt?
- Hören Sie hin: Stampft ein Bein lauter oder eines besonders leise auf? Können Sie im Schritt auf 4 zählen und im Trab »eins-zwei« mit einer kurzen Pause (der Schwebephase) dazwischen?
- Wird das Pferd abrupt langsamer und/oder unwillig, wenn Sie es wenden (Volte führen)?
- Bleibt (von hinten betrachtet) eine Hälfte der Kruppe deutlich höher als die andere?
- Sinkt einer der Fesselköpfe in der Stützbeinphase weniger tief zu Boden als der andere?

Erkennen Sie einen oder mehrere Punkte aus dieser Liste an einem Pferd, stellen Sie es bitte einem Fachmann vor!

chen und der Tierarzt anzurufen ist, ist klar. Bei mittel- oder geringgradigen Lahmheiten sieht es leider schon anders aus. Diese können für einen Laien unter Umständen nicht gleich zu erkennen sein, deswegen empfehlen wir folgende Grundregel: Schauen Sie auf die Uhr und geben Sie sich fünf Minuten. Lassen Sie das Pferd in ruhigem Tempo ohne enge Wendungen weiter traben und schauen Sie sich das Gangbild in Ruhe an. Vergleichen Sie auch die rechte und linke Hand und warten Sie wenige Minuten ab, ob das Gangbild sich normalisiert oder sogar verschlechtert. Bei anhaltender oder wiederkehrender Taktunreinheit brechen Sie den Trab nach fünf Minuten ab und konsultieren Sie einen Osteopathen und einen versierten Ausbilder!
Einen Tierarzt oder ggf. einen zweiten Tierarzt »draufschauen« zu lassen schadet keinesfalls – ein Problem zu verschleppen ist viel teurer als ein vielleicht unnötiger Tierarzttermin, der Ihre Sorgen tatsächlich zerstreut.

»Einlaufen« und »Das liegt nur an der Schiefe«

Selbstverständlich gibt es Erkrankungen wie etwa verschiedene Arthrosen, bei denen Pferde nicht ganz sauber laufen, aber dennoch unbedingt angepasst bewegt werden sollten. Liegt bei Ihrem Pferd eine solche Diagnose vor und Ihr Therapeut rät ausdrücklich zur Bewegung, dann dürfen Sie »ein Auge zudrücken«, solange das Pferd freiwillig mitmacht und keine Schmerzzeichen (siehe S. 10) zeigt.

Eine gekonnte Ganganalyse ist eine wichtige Kernkompetenz jedes Therapeuten.

Ein »Einlaufen«, auf das sich oft berufen wird, sollte nach 20 Minuten Schritt abgeschlossen sein. Wenn ein Pferd dazu 40 Minuten in allen Gangarten zu brauchen scheint, dann stimmt noch etwas mehr nicht.
Oft wird postuliert, das untaktmäßige Gehen (also Lahmen) des Pferdes läge nicht an einer Erkrankung, sondern »nur an seiner Schiefe« und gegen diese trainiere man ja schließlich gerade an. An dieser Argumentation kann durchaus etwas dran sein, aber stellen Sie sich die Frage, WARUM das Pferd denn so schlimm schief ist, dass es lostrabt »als wäre es lahm«. Diese deutliche Schiefe hat dann leider oft krankhafte Gründe! Ist ein Pferd nur von seiner natürlichen Schiefe betroffen und schlicht noch nicht reiterlich geradegerichtet, dann kann es dennoch problemlos alle Grundgangarten zeigen, ohne sichtlich zu lahmen.

Ganganalyse kann man lernen

In unserer Checkliste haben wir vereinfacht und damit eben auch für Beginner und Laien beobachtbare Anzeichen für verschiedene Arten der Lahmheit gesammelt. Selbstverständlich gäbe es zum Thema Ganganalyse gerade für Profis noch deutlich mehr zu sagen. In unseren Praxiskursen widmen wir uns ausführlich dem Erkennen und Einordnen von Gangunreinheiten an den vorgestellten Pferden und zeigen die Möglichkeiten und Grenzen der Trainierbarkeit an den

Beispielpferden auf. Außerdem empfehlen wir wärmstens den OsteoDressage-Onlinekurs »Ganganalyse«.

Übertrieben vorsichtig versus betriebsblind

Wir erleben in der Praxis verschiedene Extreme der Pferdebesitzer: Manche sind so übertrieben vorsichtig, dass sie ihr Training vor lauter Pferdeliebe sofort abbrechen, wenn ihr Pferd auch nur einen halben falschen Schritt macht. Das kann insofern falsch sein, als dass der Takt sich ja im Zusammenhang mit der Losgelassenheit verbessert und um diese zu erreichen, braucht jedes – auch jedes gesunde – Pferde eine gewissen Zeit. Außerdem hängen Taktstörungen des Pferdes ja allzu oft an fehlerhafter Einwirkung des Menschen und auch dieser benötigt neben gutem Willen und Anleitung schlicht und ergreifend Zeit, um seine eigenen Fehler zu bemerken und abzustellen und die korrekte Hilfengebung zu erlernen. Stellt man sein Pferd bei jeder kleinen Ungereimtheit sofort wieder weg, bringt man sich und sein Tier um jede Entwicklung. Währenddessen werden manche körperlichen Probleme vom Nicht-Trainieren aber immer schlimmer und so kann es tatsächlich sein, dass man sein Pferd regelrecht kaputt schont. Genauso fatal wäre es, wenn man die Lahmheit und Schmerzzeichen seines Pferdes nicht wahrnimmt und arglos immer wieder trainiert. Manchmal wird man regelrecht betriebsblind, denn man gewöhnt sich selbst an die krankhaften Bewegungsmuster des eigenen Pferdes, besonders wenn Probleme schleichend auftauchen und man das Pferd täglich so laufen sieht, wie es eben läuft. Unwilligkeit wird allzu leicht zur Marotte erklärt und dem Pferd als eigenständige Persönlichkeit ja auch zugestanden – »gelaufen wird aber trotzdem, Freundchen«. So schicken manche Pferdebesitzer ihre Tiere Tag für Tag in den Verschleiß, die von einer Kompensation in die nächste fallen und letztlich quasi auf allen vier Beinen lahm gehen, weswegen die Lahmheit erst recht nicht mehr auffällt – außer, dass das Pferd »so faul geworden« ist ...

Was in beiden Fällen hilft, ist ein unvoreingenommener Blick von außen. Wir wünschen jedem betroffenen Pferd einen unbequemen Reitlehrer, der freundlich, aber bestimmt sagt, wie er die Sache sieht, auch wenn er vielleicht nicht explizit danach gefragt wurde und der Schüler im ersten Moment sicher glücklicher wäre, wenn man ihn in seiner Komfortzone ließe. Wir wünschen jedem betroffenen Pferd einen aufmerksamen Tierarzt, dem Probleme auffallen, auch wenn er eigentlich nur zum Impfen oder nur zum Zähnemachen gerufen wurde. Wir wünschen uns umfassend geschulte Tierärzte, Osteopathen oder Physiotherapeuten, die den Trainings- und Gesundheitszustand des Pferdes ganzheitlich einschätzen und dem Besitzer ehrlich transportieren.

Schmerzen lassen sich unter anderem an der Mimik eines Pferdes erkennen. Doch Achtung: Falten über einem komplett geöffneten Auge gehören nicht zu den Zeichen eines Schmerzgesichts.

Auch ein Hufschmied oder ein fachkundiger Stallbetreiber können an der passenden Stelle eingreifen.

Schmerzerinnerung und Verknüpfung mit Training

Schmerzen werden im Gehirn anders verarbeitet als andere Erlebnisse, sie werden sofort gespeichert und mit der Situation und dem vorausgegangenen Verhalten verknüpft. Erlebt das Pferd beispielsweise das Training einer Seitwärtsbewegung als schmerzhaft, wird der Schmerz nicht nur mit dem Schenkelweichen verknüpft, sondern auch mit der Gesamtsituation Reitbahn, dem generellen Trainiertwerden und mit dem Menschen, der die schmerzhafte Bewegung anweist. Es entsteht eine Schmerzerinnerung, die später in dieser oder ähnlichen Situation wieder hochkommen und das Tier hemmen wird. Das Pferd wird also nicht nur in der Übung an sich immer langsamer, sondern es wird auch die Arbeit mit dem Menschen und den Aufenthalt in der Reithalle insgesamt negativ bewerten. Schmerzerleben lässt sich nicht schönreden und auch mit Belohnungen nicht schönfüttern und die Verknüpfung mit der Gesamtsituation oder der eigenen Person will wirklich niemand.

Unter diesem Aspekt sowie dem Effekt des Schmerzgedächtnisses und den Veränderungen der Nervenzellen (siehe Seite 12) ist ein Training unter Schmerzen natürlich abzulehnen.

Tritt also eine Lahmheit oder die Unwilligkeit des Pferdes in einer bestimmten Situation auf oder wird es mit einem Mal ungewohnt langsam, brechen Sie diesbezügliches Training besser sofort ab und stellen das Pferd dem Tierarzt oder Therapeuten vor. Auch wenn ein anfängliches »Unrund-Gehen« sich im Laufe der Einheit nicht zügig auflöst, sondern in bestimmten Übungen womöglich sogar schlechter wird, ist weiteres Forcieren der schmerzhaften oder fraglichen Bewegungen bis zur Abklärung zu vermeiden.

Schmerzen ändern Bewegungsmuster. Betroffene Bewegungsmuster werden sozusagen aus dem Repertoire des Pferdes gestrichen und anderweitig kompensiert. Schon nach 14 Tagen des

Zurück zur Bewegungsfreude! Schmerzerinnerungen können gelöscht werden.

Nichtgebrauchs kann die Bewegungsmöglichkeit etwa eines Gelenkes sprichwörtlich einrosten, auch wenn kein gesundheitliches Problem (mehr) besteht. Hier setzt die Trainingstherapie an. Wenn das Pferd dazu animiert wird, die ehemals schmerzhaften oder vergessenen Bewegungsmöglichkeiten wieder zu nutzen, kann es die Erfahrung machen, dass diese Bewegung nun nicht mehr schmerzt und wie viel leichter und schöner es sich anfühlt, beispielsweise alle großen Gelenke der Hinterhand zu nutzen und nicht nur aus der Hüfte heraus zu laufen, während die Knie- und Sprunggelenke steif bleiben.

Das kann dann so aussehen, dass das Pferd zu Beginn einer Einheit noch steif und unrund läuft, aber dennoch im ruhigen Schritt mobilisiert wird, um sich dann im Laufe des Trainings immer losgelassener zu bewegen und am Ende im besten Fall eben doch dynamisch traben kann, was zu Beginn nicht möglich gewesen wäre.

Losgelassenes, physiologisches Bewegen ist für Pferde selbstbelohnend (mehr dazu ab Seite 136).

TRAINING BEI VERSCHIEDENEN ERKRANKUNGEN

Gezielt antrainieren nach Sehnenschaden und Co.

Bei akuten Lahmheiten oder handfesten Erkrankungen ist Ihr Tierarzt der beste Ansprechpartner. Nach einer guten Diagnostik wird er Ihr Pferd planvoll behandeln. Das kann medikamentös, physikalisch (Kältetherapie, Wärmetherapie, Elektrotherapie und Co.) chirurgisch und je nach Problem durch vorübergehendes Ruhigstellen (Boxenruhe, Trainingspause) erfolgen. Ihr Pferdetherapeut kann das Pferd bereits in dieser Zeit durch passive Mobilisationen, Massagen und Co. unterstützen.
Erst bei ausgeheilter oder zumindest tierärztlich therapierter Grunderkrankung kommt der Trainingstherapeut ins Spiel. Je nach Befund erfolgt das vorsichtige Aufbautraining, das dem Pferd dabei helfen sollte, möglichst schmerzfrei aus dem erworbenen Kompensationsmuster zu kommen und neue Schäden zu vermeiden. Nicht immer ist ein Pferd wieder reitbar oder gar im Sport einsetzbar, eine Verbesserung des Wohlbefindens (und das durchaus auch dauerhaft) ist aber in sehr vielen Fällen möglich!
In diesem Kapitel stellen wir Ihnen einige häufige Krankheitsbilder kurz vor. Da dies kein Pathologiebuch ist und auch gar nicht sein soll, beschränken wir uns auf die einfachen Grundlagen: Der Fokus liegt für uns klar auf dem Training bei und nach überstandener Erkrankung.

Wer mehr wissen möchte, findet weitere Infos im OsteoDressage Workshop »Trainingstherapie«.

Warum Boxenruhe und Schonen immer auch schadet

Selbstverständlich benötigen Pferde mit akuten Erkrankungen, Verletzungen und/oder OP-Wunden gegebenenfalls Boxenruhe. So vermeidet man Schmerzen, weitere Schäden des erkrankten Gewebes bzw. gibt dem Körper Zeit für die Heilung. Das ist wichtig und notwendig. Dennoch ist es in Bezug auf die Trainingstherapie wesentlich zu verstehen, wie schnell es in bestimmten Gewebearten zu Schäden durch »Immobilisation«, also »Unbeweglich-Machen«, kommt. Zahlen hierfür liefern Forschungen aus der Humanmedizin.

Turnover

Gesundes Gewebe ist beständig in einem Gleichgewicht von Ab- und Aufbau (Turnover). Wenn immer nur so viel abgebaut wie aufgebaut wird, passiert sozusagen nichts und das Gewebe bleibt in dem Umfang und in der Qualität erhalten. Diverse Faktoren beeinflussen den Turnover:

Wärme

Bei höherer Gewebetemperatur steigt die Aktivität der Gewebszellen. Der Körper hilft sich zum Beispiel durch eine Entzündung, damit die Bindegewebszellen (Fibroblasten) produktiver werden, etwa um Narbengewebe zu bilden. Deshalb ist es wichtig, nicht zu lange mit Kälteapplikationen zu arbeiten. Aber auch bei zu viel Wärme (über 40 Grad) ist der Effekt rückläufig: die Fibroblasten werden zerstört und abbauende Prozesse überwiegen.

Übrigens erzeugt jede Bewegung ohnehin Wärme (und zwar genau im physiologischen Bereich) – die Körpertemperatur des Pferdes steigt etwas durch die erhöhte Muskelaktivität. Jede Trainingseinheit, in der der Kreislauf auch tatsächlich angesprochen wird, erhöht die Produktivität der Zellen des Bewegungsapparates, was Mikrotraumata in Sehnen, Knorpeln und Muskeln repariert bzw. ihnen vorbeugt! Bei Inaktivität sinkt die Körpertemperatur. Es kann also durchaus nützen, ein Pferd in Boxenruhe einzudecken, mit entsprechenden Gamaschen zu arbeiten oder durch physikalische Therapie (von der guten alten Wärmflasche bis zur Magnetfelddecke) den Zellstoffwechsel wieder anzuregen.

Chemische Reize

Dazu zählt der Einfluss von Hormonen, Entzündungsfaktoren und Neurotransmittern auf das Gewebe. Das erklärt den Einfluss von Stoffwechselerkrankungen, die unter anderem den Hormonhaushalt beeinflussen (z.B. Cushing, EMS) auf die Gesundheit von Haut, Knorpel, Fasziengewebe und Co.

Zudem gibt es Vorgänge, die dafür sorgen, dass mechanische Reize auf die Zellen zur Ausschüttung von Botenstoffen, die in der Zelle oder in deren Nachbarschaft gespeichert sind, führen:

Foto: Georgios Kritsotakis/Shutterstock.com

Boxenruhe ist bei vielen Erkrankungen sinnvoll, hat aber Nachteile, die durch gezieltes Training ausgeglichen werden können.

Immer, wenn die Zelle selbst verformt wird oder wenn sie Bewegungen der extrazellulären Matrix registriert, werden entsprechende Transmitter, Wachstumsfaktoren oder Wachstumshormone ausgeschüttet, die z.B. die Produktion von extrazellulärer Matrix anregen, die wiederum für die Versorgung der Zellen und deren Kommunikation nötig ist, also für die Gesundheit des Gewebes unerlässlich ist. Diese Verformung passiert ganz normal durch Bewegung! Steht das Pferd krankheitsbedingt, fallen diese Prozesse weg bzw. werden stark vermindert.

Mechanische Reize

Wenn Druck auf Gelenkknorpel wirkt, wenn sich verschiedene Gewebsschichten gegeneinander verschieben (denken Sie an das Muskelspiel unter der Pferdehaut) oder wenn durch Muskelkraft Sehnen und schließlich Knochen bewegt werden, kommt es zur leichten mechanischen Verformung von Zellen. Durch Verformung werden kleine Ladungsverschiebungen erzeugt – ein »Strömchen« fließt. Das nennt man Piezoeffekt. Je nach Stärke und Häufigkeit dieser Ladungsverschiebungen wird die Synthese von

Kollagenfasern, extrazellulärer Matrix und Co. angeregt. Auch wenn Flüssigkeiten (etwa Gelenkschmiere) an festen Strukturen (etwa Knochen) vorbeigleiten, entsteht ein Stromfluss. Bei nur wenig elektrischer Aktivität stellen die Zellen die Synthese ein.

Bewegungsmangel und Turnover

Wird das ganze Pferd bzw. ein Körperteil (Verband) ruhiggestellt, fehlen die stimulierenden Reize für den Gewebeaufbau und es kommt vorwiegend zu Abbauprozessen.
»Das Gewebe verliert an Quantität (weniger Fasern und Grundsubstanzmoleküle) und Qualität (Ausrichtung der Fasern, Entstehen pathologischer Crosslinks zwischen den Fasern).«
(Frank Diemer, Volker Sutor, Praxis der medizinischen Trainingstherapie I, Thieme Verlag)
Die Zahlen, ab wann mit irreversiblen Gewebeschäden zu rechnen ist, sind leider erschreckend: Bereits nach drei bis sechs Wochen Boxenruhe (bei gegebenenfalls noch eingegipstem, also wirklich bewegungsunfähig gemachtem Bein) kann es bereits zu nicht umkehrbaren Schäden gekommen sein.

Hier unterscheiden sich die Gewebearten deutlich:
Muskulatur spricht nach sechs bis acht Wochen sichtbar auf wieder einsetzende Trainingsreize an. Knochen oder Knorpel braucht deutlich länger. In einer Studie aus der Humanmedizin (Eckstein 2003) fand man heraus, dass nach einer Meniskus-OP mit anschließender Ruhigstellung der Muskelquerschnitt um 38 %, die Knorpeldicke um 14 % abnahm. Nach 18 Monaten Training war der Muskelquerschnitt wie vor der OP, die Knorpeldicke wurde vom Körper nicht wieder kompensiert!
Bei den einzelnen Pathologien und den Trainingsansätzen dazu gehen wir auf die Turnoverraten der einzelnen Gewebearten ein.

Grundlegendes zur Trainingslehre

Wenn wir von Training als Therapie sprechen, müssen wir zunächst grundlegende Trainingsprinzipien verstehen. Training hat immer eine gewisse Veränderung (in der Regel Verbesserung) des Ist-Zustandes zum Ziel: Muskulatur soll z.B. auftrainiert werden, Bänder (wieder) stabil werden oder die Koordination oder die Grundlagenausdauer sich verbessern. Gesundes Training besteht immer aus Belastung, Erholung und Anpassung auf die gesteigerte Anforderung. In den Pausen erholt sich der Körper von der Belastung und reagiert mit Anpassungsprozessen, die ihn letztlich immer belastbarer und leistungsfähiger machen. Gutes Training benötigt also Pausen, aber auch sogenannte überschwellige Trainingsreize im Wechsel und zwar in bestimmten Zeitabständen.

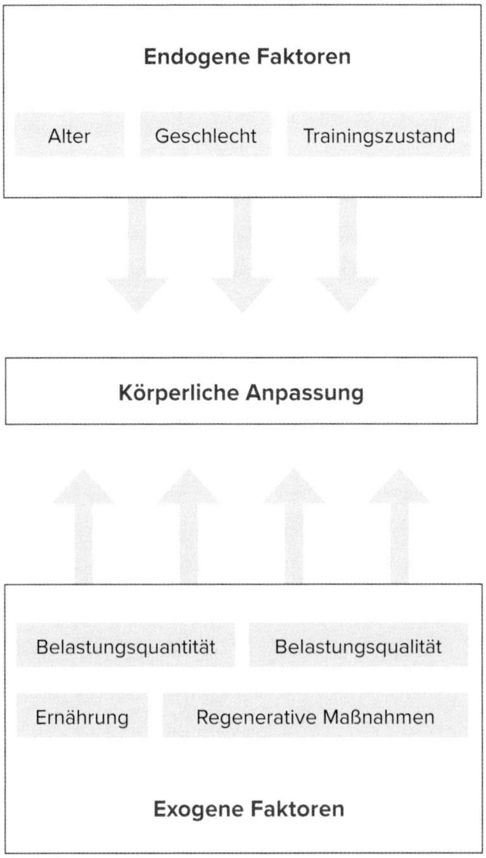

Überschwelliger Trainingsreiz

Wann ein Trainingsreiz überschwellig ist, entscheidet die aktuelle Konstitution des Pferdes. Wichtig ist: Sind die Trainingsreize unterschwellig, findet keine Anpassung und somit keine Verbesserung statt. In der Praxis finden wir genau das häufig. Wenn das kerngesunde »achtjährige Jungpferd« immer noch drei Mal in der Woche für 20 Minuten an der Longe im Schritt und Trab bewegt wird und sonst außer »Möhrengymnastik« nichts macht, tut sich fitnesstechnisch nichts. Diese 20 Minuten Longenarbeit können für einen Dreijährigen oder ein Pferd nach der Boxenruhe aber durchaus überschwellig sein.

Sinnvoll sind im Trainingstherapiebereich und überhaupt im Freizeitbereich leicht überschwellige Reize, die eine gewisse Ermüdung verursachen. Pferde zeigen diese in der Regel gut an: Waren sie gerade noch fröhlich am Traben, werden sie plötzlich nach einer gewissen Belastungsdauer triebig, lassen den Hals (an der Longe, unausgebunden) deutlich unter Buggelenkshöhe fallen, die Koordination wird schlechter (Volten gelingen nicht mehr so gut, das Pferd bleibt an den Stangen hängen, nachdem es einige Male gut darüber gegangen ist und/oder die Herzfrequenz steigt plötzlich an, obwohl die Belastung ähnlich bleibt).

Im Sportpferdebereich geht man auch mal gezielt an die Überlastung, dann sind wir aber im Hochleistungsbereich und fernab der Ziele dieses Buches.

Bei zu überschwelligen Reizen oder zu geringen Regenerationszeiten kommt es zu einer Leistungsverschlechterung (Übertraining) bis hin zu Schäden.

Im Rehatraining ist sehr schwer zu erkennen, wann ein Reiz vielleicht noch gar nicht überschwellig für das Herz-Kreislauf-System, aber bereits überschwellig für eine vorgeschädigte Struktur ist. Deshalb ist ein vorsichtiger, immer wieder diagnostisch vom Tierarzt begleiteter Trainingsverlauf essenziell.

Pausen

Je nach Art der Belastung kann der Körper Stunden bis Wochen (etwa nach einem Wettkampf) brauchen, um sich zu erholen. Verschiedene Gewebearten und Systeme (Herz-Kreislauf-System, Hormonsystem etc.) reagieren unterschiedlich schnell auf Belastungen und haben unterschiedliche Regenerationszeiten.

> Nach sechs bis 24 Stunden ist der Flüssigkeitshaushalt/die Fließfähigkeit des Blutes wiederhergestellt.
> Nach 24 Stunden sind der Blutzuckerspiegel und die Energieversorgung (Glykogenspeicher) von Nerven und Muskeln stabil.
> Nach einem bis drei Tagen ist das Immunsystem wiederhergestellt.
> Nach zwei bis sieben Tagen ist der Energiespeicher der Muskeln wieder aufgefüllt (bei starker Beanspruchung).
> Nach 72 Stunden bis hin zu ZEHN Tagen regenerieren belastete Bänder, Sehnen und Gelenkkapseln oder stark beanspruchte Muskeln.
> Es kann bis zu drei Wochen dauern, bis ein Pferd psychisch und physisch einen sehr starken Trainingsreiz (Distanzritt, Turnier, Rennen) verarbeitet hat.

Trainiert man leicht überschwellig mit dem Ziel, Muskulatur aufzubauen, sind 48 Stunden Pause sinnvoll. Trainiert man so, dass Sehnen und Bänder stärker belastet werden, sind 72 Stunden Pause zu empfehlen.

Achtung: Pause heißt nicht, dass das Pferd stehen soll! Niedrigschwellige Belastungen (Schrittspaziergang, lockeres Bewegen, mobilisierendes Training im Schritt) sind auch am Pausentag sehr sinnvoll! Wir erinnern uns: In der Natur laufen Pferde bis zu 32 Kilometer am Tag und ruhige Schrittbewegung ist wichtig, um gesund zu bleiben.

Keine Regenerationsphase

Manchmal macht der Besitzer im Training eigentlich alles richtig, das Pferd muskelt trotzdem nicht auf oder ermüdet bei gleichen Belastungen auch nach vielen Wochen planvollen Trainings noch ähnlich schnell. Manchmal erschrecken wir nahezu, wenn wir eingefallene Rücken und Pferde mit angespannter Oberlinie sehen, obwohl wir wissen, dass der Reiter super reiten oder longieren kann, der Sattel so schlecht nicht passt und das Pferd sich in Bewegung auch mit schöner Oberlinie und schwingendem Rücken zeigt.
Schuld sind dann oft sogenannte exogene Trainingsfaktoren: Wie gut das Pferd regenerieren und somit überhaupt auf Trainingsreize ansprechen kann, ist nämlich von einigen Umständen abhängig, die nichts mit dem Training als solches zu tun haben. Dazu zählen Schlaf, die Möglichkeit zu vielen Ruhemomenten im Parasympathikus und eine gute Ernährung.

Die Haltung und Ernährung des Pferdes haben größten Einfluss auf seine Genesung.

Schlaf:
Pferde durchlaufen pro Nacht ca. drei bis vier Schlafperioden. Sie schlafen dabei insgesamt knapp fünf Stunden im Liegen. Am Tag schläft ein Pferd nochmal ca. 3 Stunden, wobei sich Dösen und Tiefschlafphasen im Liegen abwechseln. Viele Pferde leiden unter chronischem Tiefschlafmangel, was zur sogenannten Pseudonarkolepsie führen kann. Betroffene Pferde legen sich zum Schlafen ungern oder gar nicht mehr ab und fallen irgendwann im Stand in den REM-Schlaf, was zur Erschlaffung der Muskulatur und zu Kollapsen führt. Studien zufolge fallen betroffene Pferde schlimmstenfalls bis zu 200 Mal/24 Stunden hin, zumeist nachts. Der Besitzer sieht am nächsten Tag eventuell blutig geschlagene Fessel- und Karpalgelenke. Es ist unschwer zu verstehen, dass solche Pferde nicht planvoll trainierbar sind, weil die Regenerationsphasen fehlen!

Ruhemomente im Parasympathikus:
Sämtliche Mechanismen, die der Körper für die Regeneration benötigt, erfordern ein Vorherrschen des Erholungsnervs, des Parasympathikus. Dieser Teil des vegetativen Nervensystems ist aktiv, wenn das Pferd entspannt ist. Das Pferd muss also stressfrei dösen, herumschlendern und fressen können, ohne anderen Herdenmitgliedern ständig ausweichen zu müssen oder gar von diesen gejagt zu werden.

Ernährung:
Ohne gutes, angepasstes Futter ist keine Leistungsfähigkeit möglich. Stimmt die Heuqualität und -menge? Gibt es ein Problem mit den Fresszeiten? Wird das Pferd mit ausreichend Mengen- und Spurenelementen versorgt? Ist das Verdauungssystem gesund? Wie sieht es mit Parasitenbefall aus?

Über jeden der drei Punkte kann man abendfüllende Seminare halten oder ganze Bücher schreiben.

Wissenswertes zu den Gewebearten:

Knochen:
> regelmäßige und wiederholte Belastung nötig
> bei Inaktivität kommt es zum Knochenabbau, bei angepasstem Training zu einer verbesserten Knochenfestigkeit
> nach ca. 8 Wochen Training sind erste Verbesserungen messbar
> drei Einheiten/Woche sind wichtig, um Effekte zu erzielen
> Pausendauer (Anpassung an Belastungsreiz, Zahl aus der Humanmedizin): 48 h

Knorpel:
> reagiert stark empfindlich auf Bewegungsmangel, aber auch auf Überlastung mit Abbau
> in der Trainingseinheit schützen lange Schrittphasen zum Warmmachen den

Knorpel vor Überlastungsschäden
> Gallen zeigen Überlastungen an

Sehnen und Bänder:
> erste Trainingseffekte nach 6 Monaten, nach 18 Monate nachweisbare Verbesserung der Sehnenfibrillen
> Pausenzeit: 72 Stunden, so lange braucht es, bis die Kollagensynthese für eventuelle Aufbauarbeiten im Gewebe weitestgehend erfolgt ist und das Gewebe einen neuen überschwelligen Reiz verarbeiten kann

Muskulatur:
> reagiert mit Umfangsvermehrung auf Training, des Weiteren verbessern sich durch Training die Stoffwechselaktivität, die Blutversorgung und die Fasertypenanteile in einem Muskel können sich ändern (z.B. für Schnellkraft oder Ausdauer)
> erste Trainingseffekte nach sechs bis acht Wochen sichtbar
> Abmuskeln beginnt nach zehn Tagen trainingsfrei, nach sechs bis zwölf Wochen ist der Muskel auf dem Ausgangsniveau vor dem Training
> Pausenzeit: moderat überschwellige Reize werden nach 48 Stunden verarbeitet

Herz-Kreislauf-System:
> Blutvolumen nach zwei Wochen Schritt-Training bereits erhöht um 29 %
> Herzgewicht, Schlagvolumen, Versorgung des Herzmuskels steigern sich unter anderem durch Training – dadurch sinkt die Herzfrequenz bei gleichbleibender Belastung nach einigen Wochen Ausdauertraining
> Atemwege und Lunge selbst sprechen wenig auf Training an

Energiestoffwechsel:
> Energiebedarf wird durch Training reduziert, dadurch ermüden z.B. die Muskeln immer später – erste Verbesserungen nach zwei bis sechs Wochen.

Trainingsziele

Je nachdem, wie der Rehapatient sich bewegt, welche Strukturen Schaden genommen haben und was das Pferd idealerweise wieder leisten können soll, definieren sich die Trainingsziele.
Trainiert werden können:
> Ausdauer
> Koordination
> Beweglichkeit
> Kraft
> Schnellkraft

Bei Rehapferden stellen wir häufig eine verschlechterte Koordination und Beweglichkeit fest, auch die Ausdauer lässt nach längerer Trainingspause oft zu wünschen übrig.
Kraft und Schnellkraft (etwa beim Springen) sind eher beim Hochleistungssport oder bei Arbeitspferden (Holzrücken z.B.) tatsächlich gefragt. Zwar geht es im Rehatraining durchaus auch um den

gezielten Aufbau von Muskulatur, gezieltes Krafttraining spielt aber hier eine Nebenrolle. Lediglich die Kraftausdauer wird wichtig, wenn das Pferd wieder geritten werden soll.

*»Wegen der Übersäuerung sollte in den frühen Heilungsphasen (Entzündungs- und Proliferationsphase) auf Kraftausdauertraining verzichtet werden. Ein saures Milieu hemmt die Kollagensynthese und stört somit die Heilung.«**

Für genauere Infos über gesundes Pferdetraining empfehlen wir wärmstens den OsteoDressage Onlinekurs »Pferdetraining«.

Sehnenschaden

Sehnenschäden sind eine häufige Lahmheitsursache unserer Reitpferde: ca. 50.000 bis 100.000 Mal im Jahr werden in Deutschland Schäden an den Beugesehnen und am Fesselträger diagnostiziert.
Was sind Sehnen überhaupt? Sie bestehen aus straffem Bindegewebe, verbinden Muskeln und Knochen und dienen der Kraftübertragung von der Muskulatur auf das Skelett. Sie zeichnen sich durch hohe Zugfestigkeit in Verbindung mit geringer Dehnbarkeit aus. Sehnen bestehen aus parallel angeordneten Kollagenfasern (Sehnenfasern). Interessant ist (nicht nur für Histologen) der Kollagentyp. Gesunde Sehnen bestehen zu 90 % aus Kollagentyp 1, was eine hohe Zugfestigkeit aufweist, und zu weniger als 5 % aus Kollagentyp 3 bis 5, was weniger zugfest ist. Zwischen den Kollagenfaserbündeln liegen die Bindegewebszellen (Tendinozyten). Mehrere Kollagenfasern werden von einem Sehnenhäutchen, dem Peritendineum, umgeben. In diesem verlaufen Nerven und Blutgefäße, die die Zellen versorgen. Studien zufolge kann sich die oberflächliche Beugesehne des Pferdes im Galopp bis zu 16 % ihrer Ausgangslänge dehnen – bei noch stärkerer Krafteinwirkung kommt es zu Zerreißungen von Sehnenfasern. Am häufigsten von Verletzungen betroffen sind die oberflächliche und tiefe Beugesehne, also die Ansatzsehnen der entsprechenden Zehenbeugermuskeln *M. flexor digitorum profundus* und *superficialis*.

* Praxis der medizinischen Trainingstherapie I, Diemer/Sutor, Thieme Verlag

Bewegung als Handpferd auf ebenen festen Böden ist sinnvoll zum Wiederaufbau nach Sehnenschäden.

Fesselträgerschaden

»Eine Läsion des *M. interosseus medius* (Fesselträger) ist eine der Hauptursachen (14 %) für Lahmheiten und Ausfall bei Sportpferden« schreibt Dr. Lisa Butterweck in ihrer Dissertation »Die Erfassung der Ultrastruktur des *M. interosseus*

Diese Strukturen sind beim Reitpferd verletzungsanfällig:

Fesselträger (orange)
tiefe Beugesehne (hellblau)
oberflächliche Beugesehne (rosa)
gemeinsame Strecksehne (dunkelblau)

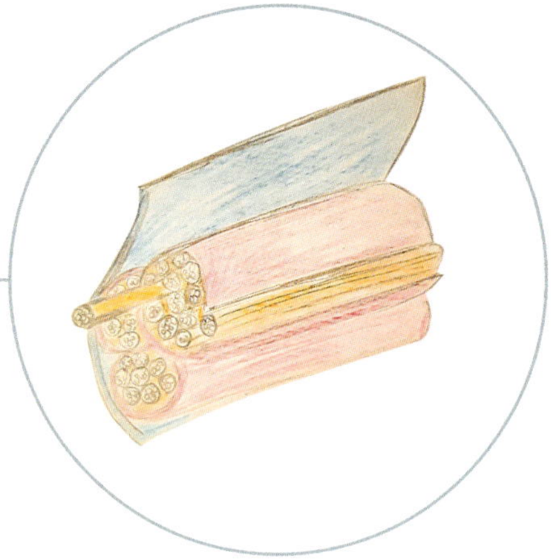

Querschnitt durch eine Sehne:
Die Kollagenfaserbündel (orange) sind parallel angeordnet.

medius des Pferdes mittels Elektronenmikroskopie« 2016. Eine Erkrankung des Fesselträgers geht oft mit Problemen der oberflächlichen Beugesehne einher, da beide sich in ihrer Funktion unterstützen (Stashak 1989).

Was ist der Fesselträger?

Der Fesselträger *(M. interosseus medius)* gehört gemeinsam mit anderen Strukturen zum Fesseltrageapparat und schützt das Fesselgelenk des Pferdes vor zu starker Durchtrittigkeit. Er entspringt auf der Rückseite des Röhrbeins unterhalb des Karpal- bzw. des Sprunggelenks. Er ist hier fest mit dem Knochen verankert und es bestehen Verbindungen zum Unterstützungsband der tiefen Beugesehne. Flankiert wird er von den Griffelbeinen. Nach hinten hin wird der Fesselträger vom Unterstützungsband der tiefen Beugesehne abgedeckt.
Im unteren Drittel des Röhrbeins teilt sich der Fesselträger in zwei Schenkel, die an den Gleichbeinen ansetzen. Nach vorn gibt er einen Unterstützungsast an die Strecksehne ab.
Der Fesselträger ist histologisch und funktional gesehen keine typische Sehne. Er wird in der Fachliteratur als Muskel

mit sehnigem Charakter bezeichnet, 2 bis 11 % (andere Studien schreiben von über 20 %) beträgt der Muskelfaseranteil, der Rest sind Kollagenfasern, extrazelluläre Matrix und Zellen.
Sehnenfibroblasten, also kollagenbildende Zellen, liegen zwischen den Kollagenfasern. Interessant ist, dass der Anteil an Muskelfasern rasseabhängig ist (Wilson et al, 1991), so haben Warmblüter einen 40 % höheren Muskelfaseranteil im Fesselträger als Vollblüter. Im Ursprungsbereich sind mehr muskuläre Anteile zu finden als im Ansatz in Gleichbeinnähe. Das erschwert die Diagnostik! Je nach Pferd kann der Fesselträger im Ultraschall sehr unterschiedlich aussehen. Der routinierte Fachtierarzt wird das untersuchte Bein mit dem gesunden Bein vergleichen.
Interessant ist noch, dass der Fesselträger der Vorderbeine dehnbarer, der der Hinterbeine kräftiger zu sein scheint. Das hat Dr. Lisa Butterweck in ihrer elektronenmiskroskopischen Studie 2016 herausgefunden.

Risikofaktoren und diffuse Symptome

Fehlstellungen (Rückständigkeit), Fehlbelastungen, Durchbiegigkeit im Karpalgelenk, ein gerades Sprunggelenk, Hyperextension (Durchtrittigkeit) im Fesselgelenk, eine lange weiche Fessel, lange Zehen und niedrige Trachten begünstigen Fesselträgerschäden. Symptomatisch ist besonders bei Fesselträgerproblemen an den Hinterbeinen wichtig zu wissen, dass das Pferd gar nicht deutlich lahm gehen muss. Häufig fehlt einfach der »Antrieb« von hinten, das Pferd schiebt ungern, tritt kürzer oder wirkt »faul«. Oft fällt eine Lahmheit (auch bei Fesselträgerläsionen vorn) eher auf tiefem Boden auf und wenn das erkrankte Bein auf der Außenseite des Zirkels ist.

Sehnen und Fesselträger in Bewegung

»In der ersten Hälfte der Stützbeinphase kontrahieren die Muskelbäuche der oberflächlichen und tiefen Beugesehne. Das wird vom Fesselträger unterstützt (Girtler 2001). Er muss den Stress und die Belastung, welche durch Gewicht und Geschwindigkeit entstehen, auffangen (Soffler et al. 2006). Er speichert und gibt elastische Dehnungsenergie ab (Birch et al. 1997b, Jansen et al. 1998). In der Phase des Stemmens erfährt er eine Entspannung (Girtler 2001).«

Dr. Lisa Butterweck

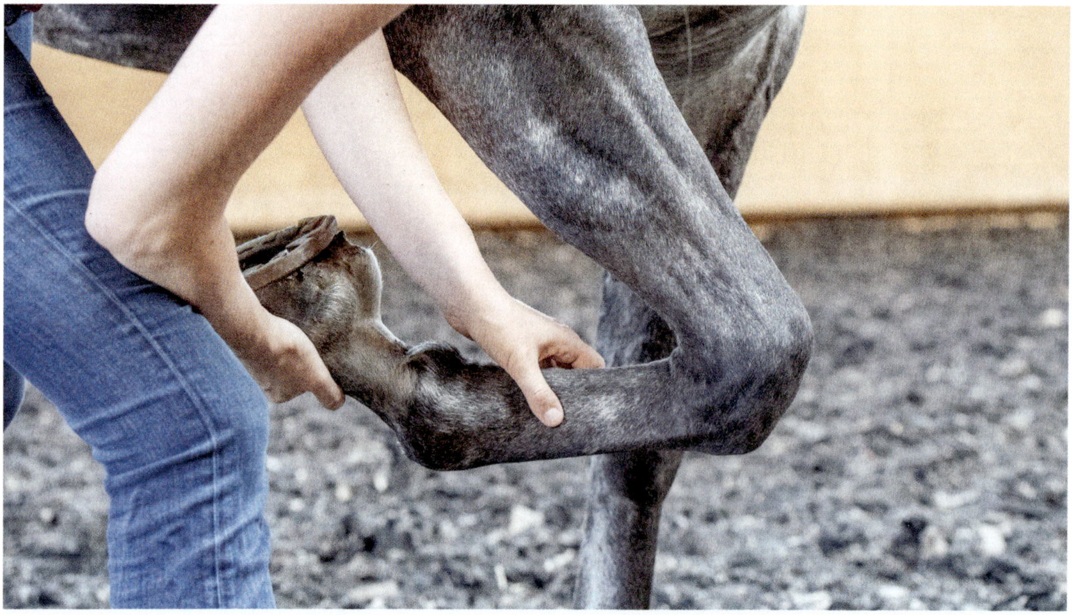

Spätere Fesselträgerprobleme werden durch eine bewegungsarme Aufzucht begünstigt.

Zum Fesselträgerschaden kommt es oft durch Überbelastung und Überdehnung, dadurch entstehen Mikroläsionen der Kollagenfasern. Weitere Belastung führt zu größeren Schäden und Entzündungen (Schneider 2006). Eine Fesselträgerverletzung addiert sich also sozusagen: Sie ist das Ergebnis mehrerer kleiner Läsionen! Neben den typischen Verletzungen gibt es eine ganze Reihe möglicher Erkrankungen des genannten Weichteilgewebes, die akut oder chronisch (Tendinosen) sein können. Darauf im Einzelnen einzugehen würde hier zu weit führen.

Heilungsphasen Sehnenschaden

Die hier aufgeführten Phasen sind in etwa übertragbar auf den Fesselträger. Sehnengewebe heilt aufgrund der schlechten Blutversorgung sehr langsam – innerhalb von Sehnenscheiden (mit Gelenkflüssigkeit gefüllte Hüllen um Sehnen) noch langsamer als außerhalb. Interessant für den Heilungsprozess und letztlich fürs Training sind die Heilungsphasen:

Entzündungsphase

Zerreißen Sehnenfasern, kommt es zu typischen Entzündungsanzeichen: der Körper steigert die Durchblutung an der verletzten Stelle, es kommt zu einer Schwellung, Wärme und Schmerzhaftigkeit. Das zerstörte Gewebe wird abgebaut, etwa durch Fresszellen (Makrophagen), die zudem eiweißabbauende Enzyme freisetzen, was umliegendes Gewebe schädigen kann. Besonders wenn die oberflächliche Beugesehne betroffen ist, entsteht die typische als »Sehnenwade« bezeichnete Schwellung.

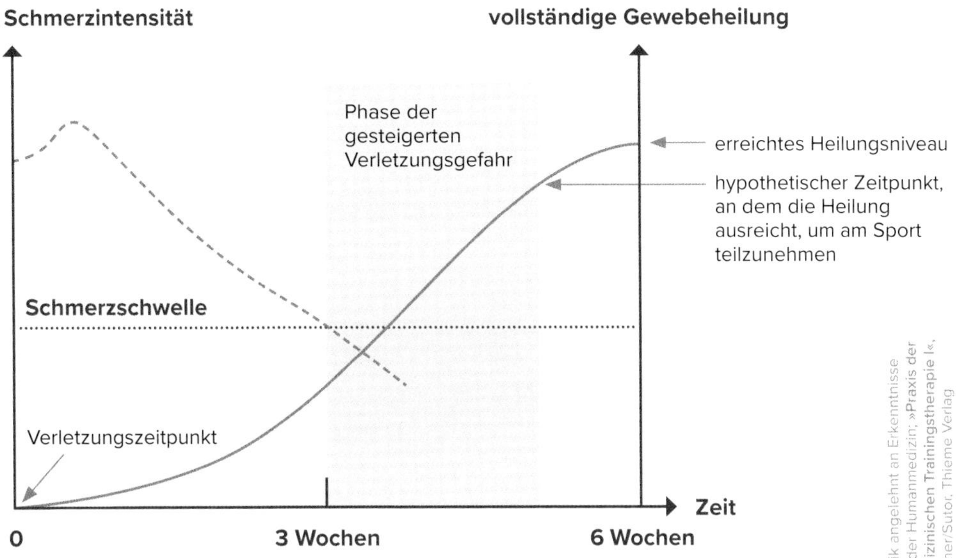

Grafik angelehnt an Erkenntnisse aus der Humanmedizin; **»Praxis der medizinischen Trainingstherapie I«**, Diemer/Sutor, Thieme Verlag

Das Pferd ist in den meisten Fällen lahm und der Tierarzt sollte zeitnah konsultiert werden! Diese Phase dauert bis zu zwei Wochen.

Trainieren?
Nein! Während der akuten Phase bekommt das Pferd Boxenruhe verordnet und wird in der Regel medikamentös behandelt, die verletzte Sehne wird zunächst gekühlt. Was allerdings helfen kann, sind passive Mobilisationen der Gliedmaßen und physikalische Therapie durch einen geschulten Therapeuten, um die Turnoverrate der nicht erkrankten Strukturen im physiologischen Bereich zu halten.

Wirklich in die Box?
In den Seminaren fragen uns an dieser Stelle viele Reiterinnen, was man mit den Offenstallpferden macht, die keine Boxenhaltung gewöhnt sind. Möglich ist, einen kleinen Einzelpaddock-Bereich im Offenstall einzuzäunen, sodass das Pferd die anderen Pferde rund um die Uhr sieht oder eben immer einen Kollegen in die Nachbarbox zu stellen. Mit gutem Management gewöhnen sich die meisten Pferden sehr schnell an ihre neue Situation. Das Pferd womöglich hochgradig lahmend in die Herde zu lassen, ist aus unserer Sicht unverantwortlich und kann es statt ins Aufbautraining direkt in die Frührente befördern. Falls Boxenhaltung für ein erkranktes Pferd in Ihrem Pensionsstall nicht möglich ist, ist ggf. ein zeitweiliger Stallwechsel dringend zu empfehlen.

Proliferative Phase (Granulationsphase):
Diese Phase beginnt wenige Tage nach der Verletzung und dauert etwa 45 Tage.

Der Körper setzt auf Bildung von Narbengewebe (Granulationsgewebe) und repariert das kaputte Gewebe: Dafür wachsen Blutgefäße ein und Bindegewebszellen (Fibroblasten) wandern ein, die an der Entstehung des Granulationsgewebes maßgeblich beteiligt sind. Die frisch reparierte Sehne ist sehr instabil: wenig zugfestes Kollagen Typ 3 wird gebildet, das noch teilweise ungeordnet vorliegt. Das Pferd kann bereits lahmfrei sein.

Trainieren?
Maximal sind einige Schrittminuten auf festem Boden erlaubt. Wenn das Pferd jetzt auf die Koppel geht (weil es vielleicht gar nicht mehr lahmt) und Freudensprünge macht, sind Schäden vorprogrammiert. Unterstützung durch manuelle Therapie und Co. ist weiterhin äußerst sinnvoll, um Schäden durch Bewegungsmangel abzufangen. Mobilisierendes Training/passive Mobilisationen im Stand sind sinnvoll.

Remodellierungsphase:
Diese Phase dauert sechs bis zwölf Monate. Die Kollagenfaserbündel werden in Längsrichtung organisiert, instabiles Typ 3 Kollagen wird allmählich in stabiles Kollagentyp 1 umgewandelt. Das Pferd ist in dieser Phase meist lahmfrei.

Trainieren?
Unbedingt! Die jungen Kollagenfasern benötigen nun dringend Zugreize, um sich in parallel angeordneten Faserbündeln organisieren zu können.

Da Kollagentyp 3 nicht sehr belastbar ist, heißt das allerdings kontrollierte (Schritt-) Bewegung auf ebenen, festen Böden – und davon viel!
Wir sprechen also von Spazierengehen in der Ebene – jeder Schritt zählt. Je länger das Pferd tatsächlich läuft, desto weniger wird es frustriert und unterfordert sein und jede Gelegenheit zum (sehnenfeindlichen) Erschrecken und Losspringen suchen. Bei einem eventuell sogar mehrstündigen Spaziergang (bitte Ihren Tierarzt fragen, in den letzten Jahren empfehlen viele Tierärzte das auch ausdrücklich) bekommt es Licht, Luft und sanftes Grundlagenausdauertraining. Ganz nebenbei haben Pferd und Mensch etwas für ihre Beziehung getan. Sanftes, langsam und fachkundig ausgeführtes mobilisierendes Training im Schritt ist nach der langen Stehzeit unbedingt empfehlenswert.

Schritt führen kann doch jeder!?
Spazierengehen – das klingt einfach, in der Praxis kommt so mancher Pferdebesitzer aber an seine Grenzen. Schlecht ist immer, wenn Spazierengehen vorher schon eher Katastrophenmanagement war. Dann besteht die Aufgabe des Trainingstherapeuten darin, genau das zu üben.
Das Pferd wird mit Kappzaum und Longe ausgestattet, der Mensch zieht Handschuhe an, nehmen Sie anfangs unbedingt ein geländerfahrenes, ruhiges Begleitpferd mit einer gelassenen Stallkollegin mit – und los geht´s. Kreiseln um

den Menschen sollte in jedem Fall vermieden werden. Jetzt ist keinesfalls die Zeit für »Bodenarbeit« im Sinne vieler Horsemanship-Konzepte. Es geht um gleichmäßige Bewegung in einem adäquaten Tempo: 5 bis 7 km/h wären anzustreben!
Verzichten Sie unbedingt auf Stop-and-Go und achten Sie darauf, dass Sie sich vom Pferd nicht abdrängen lassen. Sie laufen sozusagen selbst einen gleichmäßigen, fleißigen, aber nicht eiligen, Schritt. Die meisten Pferde beruhigen sich dann, auch wenn sie aufgeregt losgehen, innerhalb der ersten Kilometer. In Bewegung wird Adrenalin abgebaut. Viele Pferde schnauben nach spätestens 15 Minuten ab und schreiten statt zu trippeln plötzlich taktmäßig mit physiologischer Nickbewegung. Anfängliche Guckigkeit verschwindet. Der Rest ist Routine, und die stellt sich bei täglichem Schrittführen ja automatisch ein. Ideal ist auch das mehrmals tägliche Herausnehmen des Pferdes. Idealerweise geht beispielsweise der Besitzer oder der Pfleger morgens mit dem Pferd spazieren und die Reitbeteiligung nachmittags nochmal. Ungünstig auch fürs Gemüt sind dabei zu kleine Runden (unter 3 Kilometern), besser sind Spaziergänge von mindestens einer Stunde und eine Strecke auf der es möglichst wenig Grund zur Aufregung gibt.
Halten Sie die Routine unbedingt durch, auch unter widrigen Bedingungen. Gehen Sie notfalls mehrfach rund um die Reitanlage oder auch in der Reithalle eine

Kontrollierte Bewegung auf ebenem, festen Boden ist unerlässlich.

Stunde lang ganze Bahn. Schafft man es so, das Pferd auch trotz Boxenhaltung durch viele Schritt-Kilometer auszulasten, dann beginnt es eben auch nicht, im Stall zu randalieren oder sich vor lauter angestautem Bewegungsbedürfnis nicht mehr händeln zu lassen. Bei Problemen bitten Sie unbedingt direkt zu Beginn um fachkundige Hilfe. Bitten Sie ganz konkret Ihren Ausbilder oder erfahrene Pferdemenschen, Ihnen beim Schrittbewegen und dem Handling des Pferdes zu helfen, organisieren Sie sich eine ruhige Übungssituation und passende Begleitung. Zur Not sprechen Sie mit Ihrem Tierarzt über ein Beruhigungsmittel. Wenn Ihnen klar ist, dass sowohl die Haltungsbedingungen (Matschauslauf statt ebenem Boden, tiefer Reitbahnsand, steiles Gelände, keine Begleitung) als auch Ihre eigenen

Möglichkeiten zum Antrainieren nicht passen, dann überlegen Sie frühzeitig, Ihr Pferd für einen gewissen Zeitraum in fachkundige Hände und ein geeignetes Umfeld zu geben. Der größte Fehler bestünde darin, das Pferd erst überhaupt nicht Schritt gehen zu lassen, weil man es nicht gehändelt bekommt, und es dann von einem Tag auf den anderen aus der Box auf die rutschige oder tiefe Koppel zu entlassen, wo es logischerweise herumtobt. Neue, bisweilen irreparable Schäden sind vorprogrammiert.

Falls der Reiter leicht ist und das Pferd vor der Verletzung bereits gut ausgebildet und gut im Training war, kann man gegebenenfalls, statt zu führen, auch im Schritt ausreiten. Zwar sind der Hauptrumpfträger *(M. serratus ventralis)* sowie die Bauchmuskulatur durch die Steh- und Schrittphasen sehr wahrscheinlich schwach geworden, dennoch muss man sehen, was in der Praxis funktioniert: lieber gut Schritt geritten als ein hüpfendes, kreiselndes Pferd schlecht an der Hand bewegt ...

Die Gefahr von ausschließlichem Reiten im Schritt ist allerdings eine Verschlechterung des Zustands des Rückens. Weil im Schritt geradeaus Rumpfträger und Bauchmuskulatur wenig bis nicht trainiert werden, kann sich die Rückenlinie und -bemuskelung stark verschlechtern, zumal der vor dem Sehnenschaden angepasste Sattel nach der Boxenruhe sicher nicht mehr optimal passt, denn bereits nach zehn Tagen ohne Trainingsreize baut der Körper deutlich Muskulatur ab. Schritt ist die sehnen- und gelenkschonendste Gangart, für den Rücken aber leider wenig förderlich. Doch auch das muss man relativ sehen: Reitet ein leichter Reiter wirklich fleißigen »Bouncigen«-Schritt und aktiviert mit sanften treibenden Schenkelhilfen die Bauchmuskulatur, ist das deutlich besser, als wenn man sich von einem inaktiv dahinschlurfenden Pferd mit hängendem oder gar weggedrücktem Rücken tragen lässt.

Achtung: Bitte in diesem Stadium nicht mit dem Pferd bewusst klettern, es laufen lassen oder longieren. Das Rehapferd wird, sei es auch eigentlich noch so brav, jede Gelegenheit zum Bocken und Galoppieren nutzen und dabei das zarte Kollagen-3-Konstrukt reißen lassen.

Wenn das Pferd in Absprache mit Ihrem Tierarzt dann nach einem Kontrollultraschall wieder auf die Koppel darf, bitte eine Weide mit ebenem Boden und gutem Grasbewuchs wählen und vorher eine ernstzunehmende Runde spazieren gehen. Das senkt die Gefahr von wilden Eskapaden.

Wann nimmt man Trab dazu?

Lassen Sie Ihren Tierarzt einen Kontrollultraschall machen, um nicht ins Granulationsgewebe hinein zu trainieren, was Rezidive gefördert hat. Jeder Körper regeneriert in seinem individuellen Tempo und dieses ist auch vom Management abhängig. Die Granulationsphase kann z.B. länger dauern, wenn das Pferd eben doch zwischendurch wild getobt hat, aber auch wenn es fütterungstech-

Trabtraining nach Sehnenverletzungen sollte jeden dritten Tag durchgeführt werden.

nisch mangelversorgt oder wenn es schlicht bereits etwas älter ist.
Oft wird empfohlen, die Trabdauer täglich minutenweise zu steigern. Hier haben wir in der Praxis keine guten Erfahrungen gemacht und diese Empfehlung widerspricht dem, was man über die Dauer der Kollagensynthese weiß. Ein Pferd, das monatelang nur Schritt gehen durfte, wird beim ersten Trab sehr wahrscheinlich eine kleine Explosion anbieten. Wenn es merkt, dass es genau zwei, drei oder vier Minuten traben darf, enden die Trabeinheiten eher in Katastrophenmanagement statt in sinnvollem Training. Ist das Pferd davor auch wirklich wochenlang mehrere Kilometer am Tag Schritt gelaufen, ist es oft sinnvoll, wirklich fünf (und sehr bald 10) Minuten durchzutraben, aber das nur jeden dritten Tag und an den Tagen dazwischen nur Schritt zu gehen. Der Körper benötigt nämlich 72 Stunden für die Kollagensynthese. Um etwa Mikroläsionen im Sehnengewebe zu kitten oder um eben allmählich Kollagentyp 3 in Kollagentyp 1 umzuwandeln, benötigt das Pferd daher genügend lange Regenerationsphasen.
Getrabt wird idealerweise wieder auf geraden ebenen Strecken geradeaus, also im Idealfall im Gelände, aber nicht am Berg oder in tiefem, rutschigem Boden. Steht dem suboptimalen Gelände ein guter Hallenboden gegenüber, dann ist dieser vorzuziehen. Nun machen sich eine gute Grundausbildung sowie die

vorangehenden stundenlangen Schrittspaziergänge bezahlt. Ist es für das Pferd nichts (mehr) Außergewöhnliches, im Gelände bewegt zu werden, und geht es routiniert vor oder hinter einem sicheren Begleitpferd, dann macht es Sinn, im Schritt führend den Hof zu verlassen und die erste Energie bei strammem Spaziergang zu verlieren. Sitzen Sie kurz vor der geplanten Trabstrecke auf und traben Sie diese ohne Stopp-and-Go möglichst gleichmäßig durch. Dabei hilft die Begleitung: Diese sollte das Tempo halten, auch wenn der Patient mal einen Hüpfer macht, damit er sich danach wieder an dem Zweitpferd orientiert und in den Trab zurückfindet. Eine ganz leichte Steigung und klar begrenzte Waldwege sind optimal. Unter einem erfahrenen Bereiter in entsprechendem Umfeld kann sich auch hierzu bald eine Routine einstellen. Fühlen Sie sich als Besitzer davon überfordert, nehmen Sie Beritt in Anspruch. Nach dem Trab wird idealerweise zur Schonung des Rückens abgesessen und noch so lange wie möglich im Schritt geführt. Jeder Kilometer unterstützt nicht nur die Genesung, sondern lastet das Pferd eben auch aus, damit es weiterhin brav bleibt.
Für das Antrainieren in der Halle gilt dasselbe: Gehen Sie so lange wie möglich Schritt ohne enge Wendungen, reiten Sie also ganze Bahn und spätestens nach fünf Minuten durch die ganze Bahn wechseln. Traben Sie die erwünschte Minutenanzahl ohne Unterbrechung durch und gehen Sie danach wieder so viel Schritt wie irgend möglich.

Prävention vor neuen Sehnen- und Fesselträgerschäden

Verheilte Sehnenschäden bilden leider meist dauerhaft das schwächste Glied in der Kette, weil das neue Gewebe selten so belastbar wird wie vor der Verletzung. Auch überlastet das Pferd meist das andere Vorder- oder Hinterbein, im Falle eines Sehnenschadens hinten oft auch das kontralaterale Vorderbein, was neue Schäden provozieren kann.
Für Pferde mit Sehnenschäden gilt zumindest in den ersten zwei Jahren nach der Verletzung: überschwellige Trainingsreize (Reize, die für **die Sehne** überschwellig sind!) werden nur jeden dritten Tag gesetzt, auch wenn die Sehne als geheilt gilt. Das gilt z.B. für die Arbeit im Galopp, Springen, intensive Belastung auf tiefen Böden oder fordernde Dressurarbeit oder überschwellige Reize, die das Pferd sich selbst holt, weil es eben doch mal auf der Koppel herumgerannt ist. Die Zugbelastung des Fesselträgers liegt bei einem auffußenden Pferd nach dem Sprung aus circa einem Meter Höhe bei 250 % des Körpergewichtes, für die Oberflächliche Beugesehne bei 200 %. Um die durch das lange Stehen schlechter gewordene Mobilität zu verbessern sind bald erste mobilisierende Übungen im Schritt möglich (siehe Kapitel Trainingstherapiemaßnahmen).
Wichtig ist auch, zu reflektieren, weshalb es zum Sehnenschaden gekommen ist und die Hauptursache abzustellen.

Stabilität der geheilten Sehne

Nach der Proliferationsphase 15 % Reißfestigkeit der Sehne vor der Verletzung, nach 6 bis 24 Monaten 70 %.

Natürlich kann ein Unfall reichen, häufig ist das Gewebe aber bereits in den Monaten und Jahren vorher immer wieder überlastet worden.
Viele Freizeitreiter können sich nicht vorstellen, wie das bisschen Freiheitsdressur, Horsemanship oder Geländereiten, was sie betreiben, etwas überlastet haben will, deshalb hier eine Analyse: Besonders oft entstehen Sehnenschäden, wenn das Pferde eben wenig planvoll trainiert wird, sondern eigentlich mangelbewegt ist, und das dann schwache Gewebe plötzlich bei wilden Eskapaden auf der Koppel oder der spontanen Springstunde nach wochenlangem Herumstehen im Offenstall verletzt wird. Auch kommen Sehnenschäden im Zuge des Übertrainings vor, weil der Körper durch zu schnell gesetzte überschwellige Reize mit dem Gewebeaufbau nicht mehr hinterherkommt.
Häufig sind zudem Sehnenschäden auf einem chronisch überlasteten Vorderbein anzutreffen. Denkbare Ursache ist die »Händigkeit« (Lateralität) des Pferdes, wenn ein Pferd seine Vorderbeine sehr asymmetrisch nutzt. Dazu kommt es auch kompensatorisch bei chronischen Hinterhandproblemen, die oft nicht erkannt werden, wenn sie nur geringgradige Lahmheiten auslösen.
Vorn links sind Pferde, die zum Beispiel hinten rechts oder hinten links chronisch lahm sind, oft rückständig (die Zehe steht nicht lotrecht zum Bug, sondern dahinter), da sie hier vermehrt Stemmarbeit leisten müssen, um die Schwäche hinten auszugleichen. Das macht den *M. latissimus dorsi* hyperton, das Vorderbein wird rückständig. Die Rückständigkeit bringt selbst in Ruhe vermehrte Belastung auf Sehnen, Fesselträger, Fesselgelenk und die Strukturen der Hufrolle, die Gefahr von Verletzungen steigt. Im Umkehrschluss müsste man also hinten das Problem finden oder das schwächere Hinterbein auftrainieren, um vorne links zu schonen.
Was auch Sehnen und Fesselträger überlastet ist ein schwacher *M. serratus ventralis*, der Halswirbelsäule und Brustwirbelsäule bis zur 9. Rippe zwischen den Schulterblättern aufhängt. Dieser Muskel fungiert als oberer Stoßdämpfer. Ist er schwach, sackt das Gewicht von Pferd und Reiter besonders in höheren Gangarten und ganz besonders beim Springen ungedämpft in Beugesehnen und Fesseltrageapparat.

Ein untrainiertes Pferd z.B. viel zu galoppieren oder ins Freispringen zu schicken generiert sehr wahrscheinlich Mikroläsionen, die es später anfälliger für Sehnen- und Fesselträgerschäden machen.

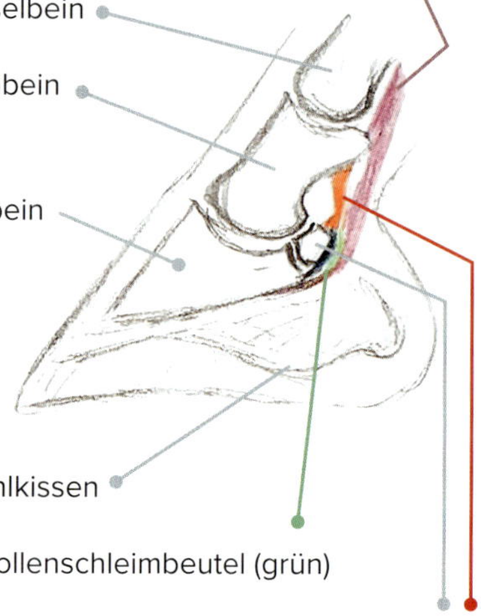

Podotrochlose (Hufrollenentzündung) oder auch »Equine palmar foot syndrom«

Die auch als Strahlbeinlahmheit bezeichnete degenerative Erkrankung betrifft die Strukturen der Hufrolle, also das Strahlbein, die Strahlbeinbänder, den Ansatz der tiefen Beugesehne (TBS) und des unter der Sehne sitzenden Schleimbeutels. Interessant für Prognose und (Trainings-)Therapie ist, welche dieser Strukturen des Hufrollenkomplexes wie genau betroffen sind, was eine gute Diagnostik erfordert. Eine Knochennekrose des Strahlbeins ist z.B. ein ganz anderes Problem als eine Schleimbeutelentzündung oder eine Schädigung der tiefen Beugesehne oder der Strahlbeinbänder. Leider wird das Equine palmar foot syndrom oft recht spät erkannt: Die Pferde gehen vorn häufig beidseits kurz (weil meist beide Vorderbeine betroffen sind), fußen vorsichtig auf, sind »halt fühlig«. Springpferde haben dann etwa Angst vor der Landephase, beginnen zu verweigern oder ziehen am Sprung vorbei. »Hufrollen«-Patienten humpeln aber entsprechend oft nicht so deutlich, dass ungeschulte Augen das als Lahmheit erkennen, und vielen Pferden wird der Stempel »Der ist halt faul« aufgedrückt und munter mit ihnen weiter trainiert.
Es kann der Eindruck entstehen, die Lahmheit komme aus der Schulter. Das ist wichtig zu wissen für Trainer und Therapeuten: Statt sich über Monate an einem vermeintlichen Schulterproblem oder einer »Steifheit« festzubeißen und zu mobilisieren was das Zeug hält, wäre der Anruf beim Tierarzt angezeigt, besonders wenn das Pferd auf unebenem Boden noch schlechter läuft oder deutlichen Wendeschmerz zeigt! Dieser kann sich zum Beispiel auch darin äußern, dass das Pferd übermäßig verlangsamt, sobald man von der Geraden in eine Volte abwendet.

Fessel-Zehen-Achse

Als Zehenachse wird eine durch die Mitte des Fessel-, Kron- und Hufbeins gedachte Linie bezeichnet. Sie stellt die gedankliche knöcherne Verbindungslinie verlaufend durch die Mitte der drei Zehengelenke dar.

Die Fessel-Zehen-Achse dieses Pferdes ist gebrochen.

Trainieren?

Leider chronifiziert sich eine Erkrankung der Strukturen des Hufrollenkomplexes häufig und es geht vorwiegend darum, das Pferd erhaltend zu trainieren, ohne eine Verschlechterung des Gangbilds zu provozieren.

Da Stellungsfehler (besonders zu lange Zehe und zu niedrige Trachte) das Erkrankungsbild begünstigen, wird der Tierarzt eine enge Zusammenarbeit mit einem versierten Schmied empfehlen. Warum ist das so? Nur ein korrekt geformter Huf mit gut ausgebildetem Strahlkissen und funktionell intakter Sohle kann als Stoßdämpfer fungieren. Er puffert Krafteinwirkungen ab, die beim Auffußen entstehen. Ein Huf mit korrekter Fessel-Zehen-Achse etwa schützt quasi den Hufrollenkomplex.

Ein großer Faktor bei der Entstehung des Hufrollensyndroms ist – neben der Behinderung des Hufmechanismus durch Stellungsfehler bzw. fehlerhaften Beschlag – Mangelbewegung. Daraus resultiert eine verminderte Durchblutung, und durch das Ausbleiben eines gesunden Belastungsreizes kann sich der Huf nicht an eine adäquate Belastung anpassen.

Viele Pferde mit »Hufrollensyndrom« laufen mit orthopädischen, dämpfenden Beschlägen deutlich besser und können teilweise völlig normal oder mit kleinen Einschränkungen freizeitmäßig geritten werden. Hier aus politischen Gründen auf »barhuf« zu bestehen, kann bei manchen Pferden zwar funktionieren, andere Pferde aber um eine enorme Erleichterung der Bewegung bringen.

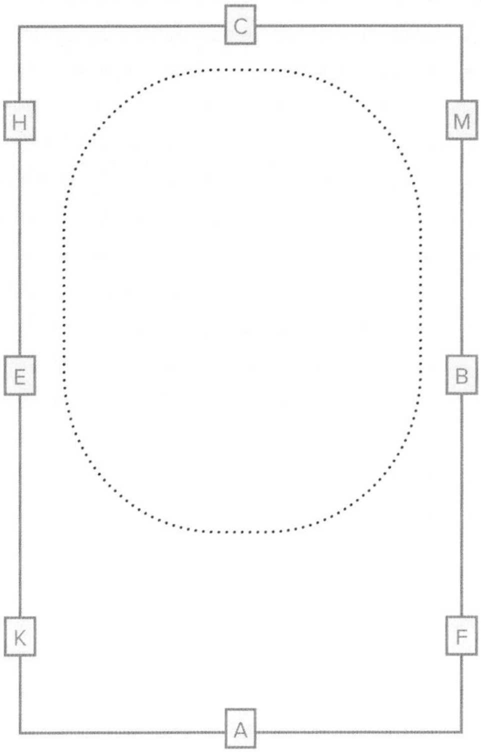

Das große Oval enthält zwei halbe Zirkel und dazwischen jeweils einige Meter geradeaus am Hufschlag entlang.

Interessant für uns in der Trainingstherapie ist, dass die Pferde nach Abheilen der akuten entzündlichen Prozesse tatsächlich kontrolliert auf nicht zu hartem Boden bewegt werden sollten, um die Durchblutung und damit das gesunde Wachstum des Hufs (der letztlich die Hufrolle schützt) anzuregen. Risikofaktoren für Rezidiven sind enge Wendungen und exzessives, vor allem falsch verstandenes Biegen (besonders schräges Auffußen belastet die Strahlbeinbänder), Springen, Seitengänge in höheren Gangarten und höhere Gangarten auf hartem Boden.

Tierärzte raten deshalb vernünftigerweise von Longieren ab – allerdings haben sie das leider vielerorts übliche Zentrifugieren im Kopf. Werden Pferde, womöglich noch in überhöhtem Tempo, permanent im Kreis geschleudert, ist das für den Hufrollenapparat natürlich belastend. Ganz anders sieht das aber beim »Longieren als Dialog« aus, wobei das Pferd immer wieder auf geraden Linien geht. Die passende Figur zum Trainingsstart ist das sogenannte »große Oval« (Skizze auf dieser Seite). Longieren Sie dieses über neun Wochen jeden dritten Tag im Trab in der Dauermethode, und zwar zunächst im Wohlfühltempo des Pferdes, welches vermutlich eher ruhig sein dürfte. An den beiden Pausentagen dazwischen sollte das Pferd im Schritt spazieren gehen (ohne starkes Gefälle, keinesfalls steil bergab) und/oder einfach Weidegang auf großen, ebenen Flächen genießen. Ab der zehnten Trainingswoche longieren Sie jeden zweiten Tag im Trab auf dem großen Oval. Sie können ab der 12. Woche auch zur Basisübung (siehe S. 97) wechseln, dabei die Volten aber mit einem 12-Meter-Durchmesser anlegen, anstatt des normalen 10-Meter-Durchmessers. Das Gangbild muss im Trainingsverlauf kritisch beobachtet werden. Wird das Pferd nach dem Trainingstag auch nur einen Hauch gebundener vorn, gehen Sie einen Schritt zurück und traben nur noch jeden dritten Tag auf dem großen Oval, also ohne stärker gebogene Linien. Gelingt es dagegen, das Trabtraining wie beschrieben über drei Monate durchzuführen, ohne dass das Pferd schlechter läuft, und dabei an den Trainingstagen ab dem zweiten Monat auch mindestens 20 Minuten zu traben, dann sollte das zum Aufbau des Rumpftrageapparates (siehe S. 99) genügt haben. Lassen Sie dessen Zustand von Ihrem osteopathischen Pferdetherapeuten prüfen. Gute Hinweise gibt die Seitenansicht des Pferdes im Stand: Die Halsbasis sollte gut gefüllt wirken ohne erkennbaren »Unterhals« und ohne erkennbare Löcher hinter dem Schulterblattknorpel. Nur mit gut trainiertem Rumpftrageapparat kann das Pferd wieder mit Reitergewicht belastet werden, da dieser als oberer Stoßdämpfer wirkt und die Vorderbeine entlastet. Beginnen Sie das Reiten ebenfalls auf geraden Linien in Schritt und Trab jeden dritten Tag. Bei tatsächlicher Lahmfreiheit und Bewegungsfreude des Pferdes kann dann vorsichtig gesteigert werden.

Mobilisierendes Training

Wie bereits erwähnt sind enge gebogene Linien in höheren Gangarten für Hufrollenpatienten zumindest eine ganze Weile tabu. Ruhige mobilisierende Übungen im kontrollierten Schritt (siehe Handarbeit, Cavalettiarbeit im **Schritt**, siehe S. 123) helfen den Pferden aber unter Umständen und richtig ausgeführt, sehr, ihre durch die schmerzhaften Prozesse verschlechterten propriozeptiven (Tiefensensibilität) Fähigkeiten zu schulen und die durch das schmerzhafte Auffußen oft stark verspannten Schultergürtel-, Vordergliedmaßen- und Halsmuskeln adäquat zu benutzen. Die oft »steif« gewordenen Gelenke (besonders Schultergelenk, Hüftgelenk und Facettengelenke der Halswirbelsäule) werden so sanft und planvoll mobilisiert und Folgeschäden verhindert.
Die Arbeit mit Balance Pads (siehe S. 153) kann gute Dienste leisten, weil sie die Strahlbeinbänder sanft unter Zug bringen kann und so die Zellen zum Gewebeaufbau anregt.
Letztlich sollte sich ein (nicht mehr akut lahmendes!) »Hufrollenpferd« wirklich mehrere Stunden am Tag bewegen – das müsste haltungstechnisch gewährleistet sein. Ein gepflasterter, überbesetzter Aktivstall, in dem das Pferd ständig von anderen Pferden in höheren Gangarten auf hartem Boden gescheucht wird, bringt dem Pferd allerdings nichts.
Schön ist Weidegang oder die Haltung in genügend großen Offenständen oder Trails mit möglichst ebenen Böden. Moderate Schrittbewegung in einer nicht zu kleinen Führanlage und natürlich der klassische Spaziergang oder ruhige Ausritt auf nicht zu hartem Boden helfen ebenfalls.

Schale

Die sogenannte Schale beschreibt Knochenzubildungen an den unteren Zehenknochen, also am Huf-, Kron- oder Fesselbein. Günstig in Bezug auf die Prognose ist immer Schale ohne die

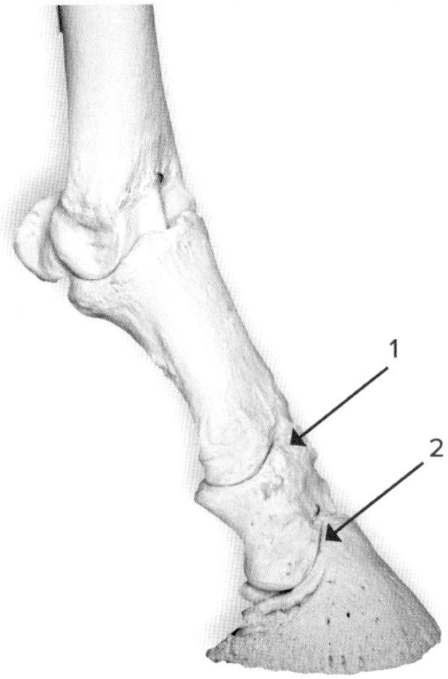

Deutlich sichtbare Zubildungen am Kronbein (1) und degenerative Veränderungen des Hufgelenks (2)

Beteiligung der Gelenke, also Zubildungen, die nicht in den Gelenkspalt hineinragen.
Gelenkschale ist eine chronische, degenerative Veränderung von Huf- (tiefe Schale) oder Krongelenk (hohe Schale), welche mit der Bildung von Knochenzacken (Osteophyten) am Knochen und an der Gelenkkapsel einhergeht. Besonders Gelenkschale kann stark schmerzhaft sein und die Beweglichkeit der betroffenen Gelenke extrem behindern.
Ursächlich sind oft Erkrankungen der Bänder/Bandansätze am Knochen (Insertionsdesmopathie), die z.B. durch Traumata oder Überlastungen hervorgerufen werden. Gelenkschale entsteht etwa durch Gelenksentzündungen (Arthritis) und Knorpelverletzungen. Die Osteophyten reizen Gelenkknorpel und Gelenkkapsel weiter, was stark schmerzhaft sein kann.

Trainieren?
Wie immer gilt: Wenn das Pferd bereits im Schritt lahmt, ist keinerlei Training angezeigt und das Pferd gehört dem Tierarzt (eventuell erneut) vorgestellt und behandelt. Therapeutische Unterstützung ist, wie immer bei langen Stehzeiten, sehr sinnvoll!
Bei der hohen Schale und Schale ohne Gelenkbeteiligung kann das Pferd nach Abklingen der schmerzhaften Entzündungsprozesse vorsichtig auftrainiert werden. Das Krongelenk besitzt eine geringe Beweglichkeit – kommt es hier langfristig zu einer Gelenkversteifung, muss das nicht zwingend einen gravierenden Einfluss auf die Eignung als schonend ins Gelände gerittenes Freizeitpferd haben. Das Pferd sollte aber keinesfalls auf unebenen, womöglich noch hart gefrorenen Böden gehalten oder bewegt werden.
Solange es nicht lahmt, sind (gern lange!) Spaziergänge und sehr dosiertes mobilisierendes Training wie das Überschreiten von Schrittstangen oder dosierte Arbeit in Biegung möglich, aber eben auf ebenem, gut gepflegtem Reitboden.
Achtung bei Schenkelweichen und Seitengängen: Theoretisch wäre der lösende Effekt auf Schulter- und Hüftgelenk positiv und manchen Patienten hilft ein sanftes Konterschulterherein an

der Hand sehr, um Verspannungen in Hals und Schultergürtel loszuwerden.
ABER: Je nachdem, wo die Osteophyten sitzen, können Bänder oder das Kronge-lenk an sich gereizt werden. Vermeidet ein ansonsten gut ausgebildetes, koope-ratives Pferd mit Schale eine bestimmte Bewegung, sollte diese zumindest in den nächsten Tagen, nicht mehr ausgeführt werden! (Das gilt für jede der hier bespro-chenen Läsionen.) Im Zweifel hat das Pferd recht.
Bei tiefer Schale sind unebene Böden besonders problematisch: Das Hufgelenk ist als Sattelgelenk in der Lage, leichte Kipp- und Rotationsbewegungen des Hufbeins mitzumachen. Bei tiefer Schale ist das nicht oder nurmehr eingeschränkt möglich. Solche Pferde sollte man nicht (mehr) über Stock und Stein reiten und wegen der nötigen Kippbewegungen auch nicht auf Balance Pads stellen.
Um Propriozeption zu verbessern sind Übungen wie »Huf für Huf über eine Stange« super. Vorsichtig kann man bei der Arbeit an der Hand Bahnfiguren dazunehmen, aber unbedingt in einem adäquaten Tempo, sodass das Pferd die Hufe keinesfalls hektisch schief aufsetzen muss. Wie für alle Rehapatienten ist ein guter Boden unabdingbar. Das Umstellen in einen Stall, der diesen bietet, kann das Wohlbefinden des Pferdes deutlich steigern und es noch lange moderat reitbar erhalten, während allzu robuste Haltung, etwa im unebenen Paddocktrail mit Stock und Stein, diesen Pferden nicht mehr guttut.

Foto: M. Stemann, Veterinär-Anatomie Leipzig

Deutliche arthrotische Veränderungen der distalen Gelenke. Die Gelenkspalten sind nahezu komplett verknöchert.

Arthrose

Arthrose stellt eine nicht heilbare dege-nerative Gelenkerkrankung dar, die sämtliche sogenannte echte Gelenke betreffen kann. Der Gelenkknorpel, der die Knochenenden überzieht und Stoß-dämpferfunktion hat, wird zunehmend zerstört. Die fehlende Pufferung führt zu Entzündungsreaktionen und damit verbundenen Schmerzen, auch weil das darunter liegende Knochengewebe angegriffen wird. Letztlich führt Arthrose zu einer Funktionseinschränkung bis hin zur Versteifung des Gelenks.
Die Erkrankung eines einzelnen Gelenks kann sich auf alle Anteile des Bewegungs-apparates auswirken, weil das Pferd

Wie Knorpelgewebe heilt

Gelenkknorpel enthält keine Blutgefäße und wird nicht von Nerven versorgt. Auch enthält es keine Stammzellen, die bei Gewebeschäden zu knorpelbildenden Zellen reifen könnten (Chondroblasten).
Kleinere Knorpeldefekte (weniger als 3 bis 5 mm^2) heilen spontan und verursachen meist keine Einblutung. Nach neun Monaten sind solche Defekte nicht mehr zu finden.
Bei größeren Defekten regieren die Chondroblasten mit verstärkter Aktivität – bevor sie nach zwei Wochen wieder inaktiv werden. Zurück bleibt ein nicht verheilter Schaden. Dieser muss aber keine Schmerzen/Lahmheit verursachen.
Bei Defekten, die bis auf den unter dem Knorpel liegenden Knochen heruntergehen, kommt es zu den »normalen« Heilungsphasen, also Entzündungs-, Proliferations- und Remodellierungsphase, weil es zu Einblutungen ins Gewebe kommt. Gerade die Entzündungsphase verursacht Schmerzen/Lahmheit. Hyaliner Gelenkknorpel bildet sich allerdings nicht mehr an der Stelle der Läsion, sondern hyalinartiger Knorpel, der zu Faserknorpel umgebaut wird. Dieser ist wesentlich weniger belastbar, besonders was die dämpfenden Eigenschaften betrifft. Aus der Humanmedizin weiß man, dass dieser »Ersatzknorpel« oft bereits nach drei bis sechs Monaten neue Degenerationen aufweist.

Schonhaltungen einnimmt, um Schmerzen beim Auftreten zu vermeiden. Dadurch kann nicht nur eine Überbelastung anderer Gelenke entstehen, es schadet auch dem von Arthrose betroffenen Gelenk selbst: Durch die fehlende Bewegung wird der noch vorhandene Gelenkknorpel nicht mehr ausreichend mit Nährstoffen versorgt, denn Knorpelgewebe ernährt sich via Diffusion und »lebt« von Druck (Abfallstoffe gelangen aus dem Knorpel) und Nachlassen des Drucks (neue Nährstoffe gelangen zu den Knorpelzellen). Inaktivität schädigt das Gewebe ebenfalls und beschleunigt die Zerstörung des Knorpels (siehe auch Text zum Turnover).

Trainieren?
Weil Mangelbewegung das Problem verschlimmert, ist trainingstherapeutisches Bewegungsprogramm gerade für Arthrosepatienten wichtig. Wesentlich ist, auf die fehlenden stoßdämpfenden Eigenschaften des eventuellen Ersatzknorpels zu achten bzw. einen Weg zu finden, das Pferd zu bewegen, ohne dass es starke Schmerzen hat.
Arthrosepatienten (wichtig: gilt für Arthrose an den Gliedmaßen) mögen meist weiche Böden und können zumindest im Schritt auf ebenem Gelände (bitte nicht steile Kletterstrecken gehen) hervorragend bewegt und auch gymnastiziert,

Mobilisierendes Training zumindest im Schritt und auf weichem Boden tut auch bei Arthrosen gut.

also mobilisierend gearbeitet, werden. Bezüglich der Reitbarkeit ist immer die Frage, ob das Pferd im Trab dauerhaft lahmt. Halten die Gelenke den etwas höheren Input des landenden Beins aus der Schwebephase NICHT aus, ist das Pferd ehrlicherweise weder in Reitpferdekondition zu bringen (Stichwort Rumpfträgertraining) noch sollte es im Schritt geritten werden, weil die muskuläre Grundlage zum Tragen von Reitergewicht fehlt. Wenn man mit der Trabarbeit beginnen will, weil das Pferd im Schritt wieder klar und freudig (!) läuft, macht es Sinn, niedrigschwellig zu starten. Grundsätzlich sollte zu Beginn der Trab genau jeden dritten Tag auf möglichst geraden Linien praktiziert werden, während an den beiden Pausentagen dazwischen nur im Schritt bewegt wird, entweder als Handpferd oder auch in der Führanlage, sofern diese einen guten Boden hat.

Viele Arthrosepferde profitieren (nach mindestens 20 Minuten Aufwärmphase) von ganz kurzen untertourigen Trabreprisen, auf die sogleich wieder Schritt folgt (»3-Tritt-3-Schritt-Übung«), wobei die ganz kleine Trabstrecke in kurzen Tritten im Prinzip dieselbe Geschwindigkeit aufweisen soll wie die kurze Schrittstecke, die in raumgreifenden, fleißigen Schritten

Ein verkürzter Raumgriff im Trab ist für Arthrosepatienten typisch und zum zwanglosen Aufwärmen sinnvoll.

ausgeführt wird. Wechseln Sie auf diese Weise mehrere Minuten lang ganz häufig zwischen Schritt und Trab. Das geht im Rahmen der klassischen Handarbeit (siehe S. 132) oder bei gut funktionierenden Stimmsignalen auch einfach beim normalen Führen am Halfter.

Eine weitere Möglichkeit ist der zwanglose Langhals-Kurztritt-Lösetrab (näher erläutert im Buch »Dehnungshaltung«), wobei das Pferd in seinem Wohlfühltempo joggt. Wie der Name schon sagt, darf es dabei zunächst kurze Trabtritte machen und den Hals völlig frei tragen oder auch hängen lassen und so untertourig traben, wie es mag, solange eben alle Tritte gleichmäßig groß oder vielmehr gleichmäßig klein sind, das Pferd also nicht lahmt. Salopp gesagt darf es mit allen anderen Beinen ebenso kurze Tritte machen, wie es mit dem erkrankten Bein gerade so schafft. Den Trab sollte es bis zu 20 Minuten in Dauermethode durchhalten (etwa auf dem großen Oval longiert, siehe Seite 66), wobei es sich im Laufe der Zeit insofern einlaufen sollte, als dass dann alle Trabtritte während jeder einzelnen Trainingseinheit noch etwas raumgreifender werden. Ein wichtiges Ziel ist das Wiedererlangen eines normalen

Arbeitstempos mit Schwebephase (mehr dazu auf Seite 112 über Schub und auf Seite 147 über die gute Laune). Verlängern Sie also ausgehend vom Langhals-Kurztritt-Lösetrab unbedingt immer wieder sanft die Tritte und steigern Sie nach und nach das Tempo.

Führt das Hinzunehmen des Trabes dagegen zur erneuten Lahmheit, dann ist das Trabtraining wieder abzustellen und der Tierarzt zu konsultieren. Verträgt das Pferd 20 Minuten Trab in der Dauermethode geradeaus/ganze Bahn und entwickelt dabei auch wieder ein Arbeitstempo, kann es vorsichtig geritten werden. Auch wenn der Arthrosepatient mal »knackig« ist: Verzichten Sie bitte auf ausgeprägtes Galopptraining oder gar Springen. Wenige Runden Galopp schaden nicht, wenn das Pferd im Trab tatsächlich wieder klar läuft, wirklich ausführliche Dressurarbeit im Galopp oder kilometerlange Galoppreprisen im Gelände bringen zu viel Input auf die degenerierten Gelenkknorpel.

Das Management eines Arthrosepferdes ist zudem sehr wichtig. Arthrosepatienten reagieren sehr unterschiedlich auf verschiedenste Stellschrauben: Eventuell hilft ein stoßdämpfender und/oder orthopädischer Beschlag, eventuell die Umstellung auf barhuf. Vielleicht hat der Tierarzt eine medikamentöse Schmerztherapie verordnet (wie erinnern uns: Dauerschmerz verstärkt sich und führt schlimmstenfalls zu Folgeschäden), vielleicht helfen bereits pflanzliche Präparate hervorragend. Manche Pferde profitieren von Ergänzungsfuttermitteln, andere von Blutegeltherapie oder manueller wie physikalischer Therapie. Kein Arthrosepatient sollte ständig von anderen Pferden durch den Trail oder Offenstall gejagt werden, die dauerhafte niedrigschwellige Bewegung in einer intakten Herde (»Rentnergruppe«) ist allerdings deutlich sinnvoller als Boxenhaltung.

Leider sind gerade Arthrosepferde häufig zu dick, weil sie nicht mehr sportlich trainiert werden können. Jedes Kilo zu viel schadet allerdings den ohnehin erkrankten Gelenken. Rationierte und dennoch magenfreundliche Fütterung in kleinen Portionen rund um die Uhr wäre deshalb wichtig, um ein gesundes Gewicht zu halten. Regelmäßige lange Schrittspaziergänge ohne Reitergewicht sind Gold wert.

Sonderfall Spat

Das Sprunggelenk besteht aus mehreren Gelenkpartnern und Gelenkreihen. Der bewegliche Teil des Sprunggelenks (Art. tarsocruralis) ist das Gelenk zwischen Talusrolle und Tibia (Schienbein). Hier sind Streckung und Beugung möglich. Unter Spat versteht man allerdings eine Arthrose der straffen Gelenkreihen des Sprunggelenks, die unter dem Tarsokruralgelenk liegen. Betroffen sind etwa das Intertarsalgelenk zwischen *Os tarsi centrale (Tc)* und *Os tarsale III* oder das Tarsometatarsal-

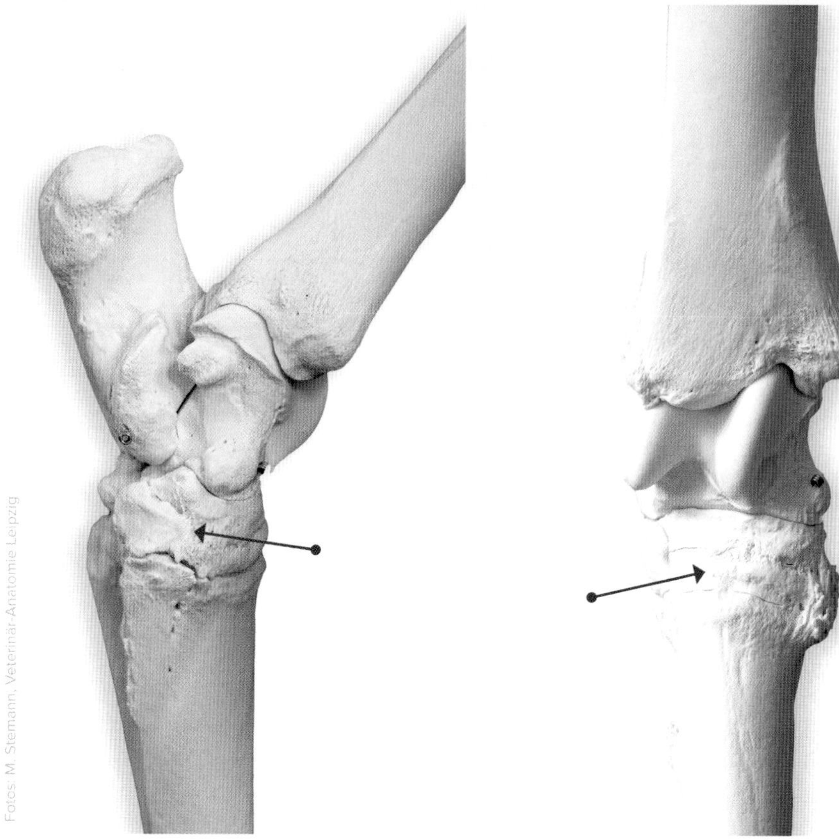

Von Spat betroffene straffe Gelenke des Sprunggelenks.

gelenk zwischen *Os tarsale 3* und dem Röhrbein. Spat, der das Intertarsalgelenk zwischen Talus und *Os tarsi centrale* betrifft hat eine ungünstigere Prognose. Um die Entstehung von Spat zu verstehen, beschreiben wir hier mögliche für das Training relevante Ursachen, die eventuell zu dieser Erkrankung führen können.

Problematisch ist immer, wenn die Spannung der Hosenmuskulatur stark zunimmt. Der *M. biceps femoris* überspannt Hüft- und Kniegelenk und inseriert mit dem Fersensehnenstrang am Fersenbeinhöcker des Sprunggelenks. In der Bewegung ist er vor allem verantwortlich für die vordere und mittlere Stützbeinphase und wird besonders in versammelnden Lektionen, aber auch z.B. beim Abstoßen vor dem Sprung, trainiert. Wird er hyperton, werden die Knie- und Sprunggelenkswinkel steiler.

»Wenn der Sprunggelenkswinkel durch eine vermehrte Kniestreckung steiler wird, verändert sich der Belastungspunkt des Unterschenkels auf dem Talus. Er kommt jetzt in der Stützbeinphase mehr von oben statt von vorn. Dadurch werden

*andere Knochen und Gelenke zu stark belastet, die dafür aber nicht vorgesehen sind. Durch den vermehrten Druck baut der Körper zur besseren Stabilisierung mehr Knochen an und es entsteht auf dem Röntgenbild eine Arthrose der unteren Gelenkreihen, besser bekannt als Spat. Von außen kann man oft schon vorher an den aufgestellten Haaren auf den drei Ringbändern des Gelenks, die die Sehnen auf den Gelenken stabilisieren, die beginnende Gelenkveränderung erkennen. Durch den steileren Winkel zwischen Unterschenkel und Talus ist die Schubphase des Hinterbeins verkürzt und die Bewegungsamplitude verkleinert sich.«**

Und genau an dieser Stelle unterliegen Reiter häufig dem folgenden Denkfehler: Hat ein Pferd bereits steile Hinterhandwinkel und wirkt überbaut und man setzt es dann in versammelten Lektionen immer mehr auf die Hinderhand in dem Bestreben, die Hanken zu beugen, dann trainieren sich dabei genau die Muskeln, die das Pferd insgesamt immer steiler stellen! Probiert man dagegen zu halten, in dem man immer mehr zu versammeln versucht, leidet als erstes der Takt und die Losgelassenheit in den entsprechenden Lektionen und als nächstes eben oft das Sprunggelenk. Nicht umsonst wurde Spat früher auch die »Dressurpferdekrankheit« genannt.

Pferde mit steilen Hinterhandwinkeln sollte man also bitte einige Wochen eher

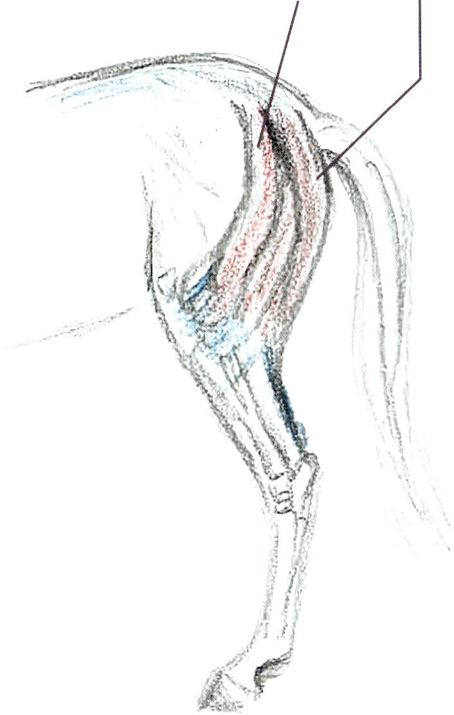

»entsammelnd«, in freien Gängen und mit langem Hals viel geradeaus traben, bis die Winkelung sich verbessert, und dann im Anschluss auf ein ausgleichendes Training achten: Für jede versammelte Lektion muss auch eine Verstärkung geritten werden. So trainiert man ausgeglichen Schubkraft (mehr dazu auf S. 111) und Tragkraft.

Über das Faszienkontinuum können auch Rückenprobleme zu einer veränderten Winkelung der Hinterbeine führen und somit ein Spat-Risiko darstellen. Bestehende Restriktionen der Rückenlendenbinde

* *Einmal überbaut, immer überbaut*, Müller Rüschlikon Verlag, Weingand und Welter-Böller

(Fascia thoracolumbalis), die die Sattellage überzieht, können weiterlaufend über die Fascia glutaea und Fascia lata die Kniewinkelung beeinflussen. So kann tatsächlich ein drückender Sattel zu Knie- und Spunggelenksproblemen führen oder diese zumindest begünstigen. Die therapeutische Behandlung der Rückenlendenbinde und anschließendes Training ohne Kompression dieser, also ohne Sattel und Gurt, sind zu empfehlen, bevor der Sattel angepasst oder ausgetauscht wird.

Trainieren?

Spat tritt in Phasen auf: erst reagiert der Körper Knorpel und Knochen abbauend, später Knochen aufbauend, letztlich ersetzt der Körper den zerstörten Faserknorpel dieser straffen Gelenke mit Knochensubstanz. Während dieser Prozesse kommt es immer wieder zu Entzündungsgeschehen, die entsprechend schmerzhaft sind. Im akuten Schub sind Spatpferde oft deutlich lahm. Typisch ist Kurzgehen hinten, Vermeiden von Schub bis hin zu einer Art »Galopprolle« beim Antraben. Ihr Tierarzt wird analysieren, ob es sinnvoll ist, schmerztherapeutisch einzugreifen und inwieweit das Pferd belastet werden sollte.

Spatpferde sollen zumeist angepasst bewegt werden und sie brauchen lange Warmlaufphasen. Sie sollten bitte keinesfalls direkt nach dem Schritt angaloppiert werden, wenn der Trab nicht klar bis deutlich lahm ist. Wir erinnern uns: trainiert wird in den lahmfreien Gangarten, nie in der nächst höheren, wenn das Pferd in der niedrigeren lahmt. Das hat etwas mit Ethik zu tun, denn Galopp »über den Schmerz hinaus« hilft nicht ehrlich: Das Pferd läuft danach vielleicht im Trab besser, aber das liegt nicht am »Einlaufen«, sondern daran, dass der Körper auf Sympathikus (Disstress) umschaltet und Adrenalin ausgeschüttet wird, was das Schmerzempfinden temporär dämpft. Man tut dem Pferd letztlich keinen Gefallen – psychisch, aber auch physisch. Pferde mit Schmerzen an der Hinterhand werden immer die Vorderbeine zum Stemmen einsetzen. Wenn Schub weh tut, zieht sich das Pferd eben: Wenn Sie einen Berg hochklettern und Ihre Beine sind verletzt, ziehen Sie sich vorwiegend mit den Armen, statt sich mit den Beinen abzudrücken. Ein über sein aktuell mögliches Tempo getriebenes Spatpferd zieht sich dann mit schleppender Hinterhand mit den Vorderbeinen vorwärts, schlimmstenfalls im Galopp in der Einbeinstütze vorn. Das provoziert Folgeschäden an Sehnen, Fesselträger und Hufrolle vorn.

Spatpferde, die im Trab noch lahmen, profitieren viel mehr von sanfter Schrittarbeit: Spaziergänge, Stangenfächer (denn meist ist die Hinterhand durch den chronischen Schmerz stark eingeschränkt in der Mobilität). Arbeit an der Hand tut ihnen in der Regel gut. Letztlich ist es bei steil gewordenen Knie- und Sprunggelenkswinkeln wichtig, die Schubkraft der Hinterhand wieder vorsichtig aufzubauen. Wird der *M. glutaeus medius* (verantwort-

lich für die hintere Stützbeinphase) stärker, verändern sich die Winkel allmählich wieder positiv. Schubkrafttraining geht bereits im Schritt: Es geht dabei um LÄNGERE Schritte, nicht um eiligere! Der Takt sollte gleich bleiben. Sie können Tempounterschiede führen oder longieren und das Pferd kann täglich mehrfach Schrittstangen überschreiten, die für eine etwas weitere Schrittlänge gebaut sind, als das Pferd sonst anbietet. (Mehr dazu ab S. 121)
Möchte man den Trab wieder dazunehmen, kann man sich über die Drei-Tritt-Drei-Schritt-Übung (drei Tritte Trab, drei Schritte Schritt im Wechsel) vorsichtig anschleichen. Zwangloses, kurzes Traben mit langem Hals tut Spatpferden zu Beginn meist gut. Sobald das Pferd lahmfrei »joggt« sollte man allerdings auch im Trab vorsichtig wieder zum sanften Tritteverlängern kommen und mithilfe von Tempounterschieden und evtl. Trabstangen die Schubkraft trainieren.
Solange das Pferd im Trab lahmt, sollte es möglichst auch nicht im Schritt mit Reitergewicht belastet werden, zumal Rückenprobleme Spat oft vorausgehen (Stichwort Faszienkontinuum).

Knieprobleme

Das Knie eines Pferdes besteht aus zwei Gelenken. Das Kniescheibengelenk ist ein Schlittengelenk. Die Patella (Kniescheibe) gleitet wie ein Schlitten über die knorpelüberzogene Gelenkfläche des Oberschenkelknochens (Femur). Sie ist in die Sehne des *M. quadriceps femoris* eingelagert. Das Pferd hat die Möglichkeit der Patellafixation. Dabei zieht es die Patella über den medialen Rollkamm des Oberschenkelknochens und kann so ganz ohne weitere Hosenmuskel- und Quadricepsspannung ermüdungfrei stehen. Das andere Hinterbein wird währenddessen in typischer Ruhehaltung entlastet.
Der Oberschenkelknochen bildet mit dem Schienbein ein weiteres sogenanntes inkongruentes Gelenk, in dem Beugung und Streckung möglich ist (Walzenge-

Kniescheibengelenk. Die Patella ist in die Ansatzsehne des *M. quadriceps femoris* eingelagert.

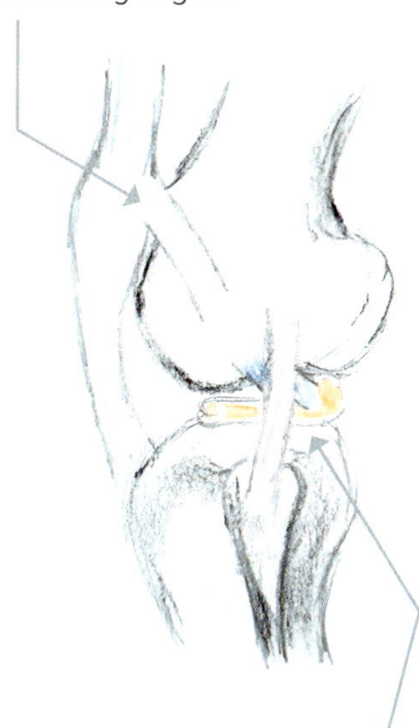

Inkongruentes Kniekehlgelenk mit verschiedenen Bändern und den beiden Menisken (orange).

lenk). Damit die Gelenkflächen einigermaßen aufeinanderpassen, gibt es zwei Knorpelscheiben (Menisken), um Stabilität zu gewährleisten, außerdem zwei Kreuzbänder und mehrere Kniekehlgelenksbänder und Meniskenhaltebänder.
Das Knie ist anatomisch also sehr komplex aufgebaut und wird von mehreren Bändern (Kniescheiben-, Meniskenhalte- und Kniekehlgelenksbänder) stabilisiert.
Ein gesundes Pferdeknie weist eine Winkelung von 125 bis 135 Grad auf.
Im Prinzip sind leider viele Pathologien am Pferdeknie denkbar und möglich: Kreuzbandprobleme, Meniskusläsionen, Kniescheibenbandprobleme etc. Für die Trainingstherapie interessant ist deshalb immer, WAS genau die Diagnose ist. Hatte das Pferd eine OP am Meniskus, ist das was anderes als wenn es ein Problem mit der Entriegelung der Patella hat. Geben Sie sich bitte nicht mit Aussagen wie »laxe Kniebänder« zufrieden. Welche Bänder sind denn »zu lang« und weshalb ist das so? Bei wiederholenden kniebedingten Lahmheiten sind umfassende Lahmheitsdiagnostik und weitere bildgebende Verfahren bis hin zu einer Arthroskopie nötig. Ihr Tierarzt ist hier bitte immer der erste Ansprechpartner!

Trainieren?

Jein. Allerdings ist die Art des Trainings stark abhängig von der Art der Läsion und der Behandlung, weshalb wir hier nur kurze Überlegungen ansprechen, die Sie bitte mit der behandelnden Klinik absprechen.
Sind die Kniescheibenbänder »zu lax«, liegt das oft an einer zu steil gewordenen Winkelung des Kniegelenks. Diese Pferde müssen wie Spatpferde (vgl. S. 77) auch entsammelnd trainiert werden (Schubkrafttraining, siehe S. 109), um den Hypertonus des *M. biceps femoris* zu senken und dadurch mittelfristig die Winkelung in Knie und Sprunggelenk zu verändert, wodurch die Kniescheibenbänder wieder in ihre physiologische Funktion kommen.
Ein Pferd mit Problemen bei der Patellaentriegelung benötigt im Prinzip Quadricepstraining. Nach den grandiosen röntgenkinematografischen Aufnahmen von Martin Fischer an Hunden*, ist naheliegend, dass im Galopp der *M. quadriceps femoris* wechselnd mit allen vier Anteilen in jeder Bewegungsphase aktiv ist. Hat das Pferd also keine sonstigen Probleme wie schwacher Rumpfträger, Sehnenprobleme etc., welche gegen ein Galopptraining sprechen, so ist ein sinnvolles Training im Galopp besonders effizient. Dazu eignet sich insbesondere der Reisegalopp (siehe Seite 117), also ein zwangloser Galopp mit langem Hals, der möglichst lange durchgehalten wird. Das geht am besten im Gelände oder in der Reithalle im leichten Sitz ganze Bahn, sowie an der Longe auf dem großen Oval (siehe Seite 66). Nach einem Galoppintervall von anfangs drei, später fünf Minuten ist eine Pause im Stand ideal oder mindestens im Schritt sehr sinnvoll, weil das Pferd die beanspruch-

* Buchtipp: *»Hunde in Bewegung«*

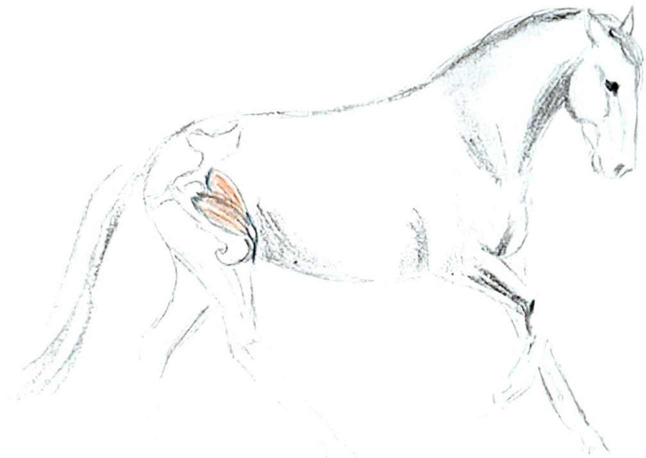

Im Galopp wird der Quadriceps besonders beansprucht und deswegen eben auch besonders trainiert.

ten Muskeln dabei gänzlich entspannen kann, um danach auf der anderen Hand nochmal dieselbe Zeit galoppieren zu können. Eine Pulsmessung (mehr dazu ab Seite 163) ist sinnvoll.

Ein solches explizites Galopptraining, wobei wirklich mindestens zehn Minuten durchgaloppiert wird, ist frühestens jeden zweiten, spätestens aber jeden dritten Tag zu empfehlen, um einen Muskelzuwachs zu erzielen. Nach etwa sechs bis acht Wochen müsste der Quadriceps sicht- und fühlbar aufgemuskelt haben. **Achtung:** Über dem *M. quadriceps femoris* liegt der *M. tensor fasciae latae* – dieser sehr flächige, dünne Muskel verdeckt den Quadriceps. Dennoch sieht man Pferden mit Quadricepsschwäche an, dass sie über dem Knie ein »Loch« haben und dort eben nicht gut bemuskelt wirken. In der Humanphysiotherapie wird häufig exzentrisch (der Muskel muss in Dehnung kontrahieren) gearbeitet, um schnelle Trainingseffekte zu haben. Beim Pferd wäre das z.B. Training in einer korrekten Piaffe mit entsprechender Hankenbeugung. Die wenigsten Kniepatienten sind allerdings so weit ausgebildet. Sinnvoll ist versammelnde Arbeit auch nur, wenn die Winkelung der Knie- und Sprunggelenke noch mindestens 125 Grad beträgt und die Hosenmuskeln nicht hyperton sind.

Die meisten Kniepatienten entwickeln ein ähnliches Gangbild wie Spatpatienten, da die Bewegung von Knie- und Sprunggelenk durch den Spannsägemechanismus aneinander gekoppelt ist: Wenn das Kniegelenk gebeugt wird, wird das Sprunggelenk automatisch auch gebeugt. Manchmal wird ein gravierendes Knieproblem mit »hat halt Spat« abgetan – Sie glauben nicht, was bei angeblichen Spatpferden aus unserem Kundenkreis

alles gefunden wurde – bis hin zu Meniskusschäden und taubeneigroßen Chips war einiges dabei. Da Kniepatienten Kniebeugung oft vermeiden (je nach Befund), sieht man bei ihnen auch häufiger Zehenschleifen und »Laufen aus dem Hüftgelenk«. Entsprechend sind Übungen wie das ruhige Übersteigen höher gelegter Stangen und der Stangenfächer sehr sinnvoll (siehe Seite 123 und 128), welche täglich ausgeführt werden können.
Balance Pads sind unter anderem für menschliche Kniepatienten entwickelt worden. Bei Pferden leisten die Schaumstoffplatten auch sehr gute Dienste und werden von uns – in Absprache mit dem Tierarzt – sehr gern und erfolgreich am Pferd angewendet (mehr dazu ab Seite 153).

Rückenprobleme

Nicht nur ein Röntgenbefund ist ein Befund!

Beim Thema »Rückenprobleme« haben viele Reiter zuerst das Kissing-Spine-Syndrom (dazu später mehr) im Kopf. Aus unserer Sicht beginnt eine Rückenthematik aber schon bei ersten Verspannungen und Faszienrestriktionen (verminderte Verschieblichkeit »verklebter« Strukturen), denn diese sind bereits teilweise hochgradig schmerzhaft. Faszienforscher Dr. Robert Schleip fand heraus, dass das Fasziengewebe im Rückenbereich des Menschen (analog zur Rückenlendenbinde beim Pferd) dicht mit Nozizeptoren (Schmerzrezeptoren) besiedelt ist. Seiner

Besonders unter dem hinteren Teil vieler Sättel wird die Rückenlendenbinde empfindlich komprimiert.

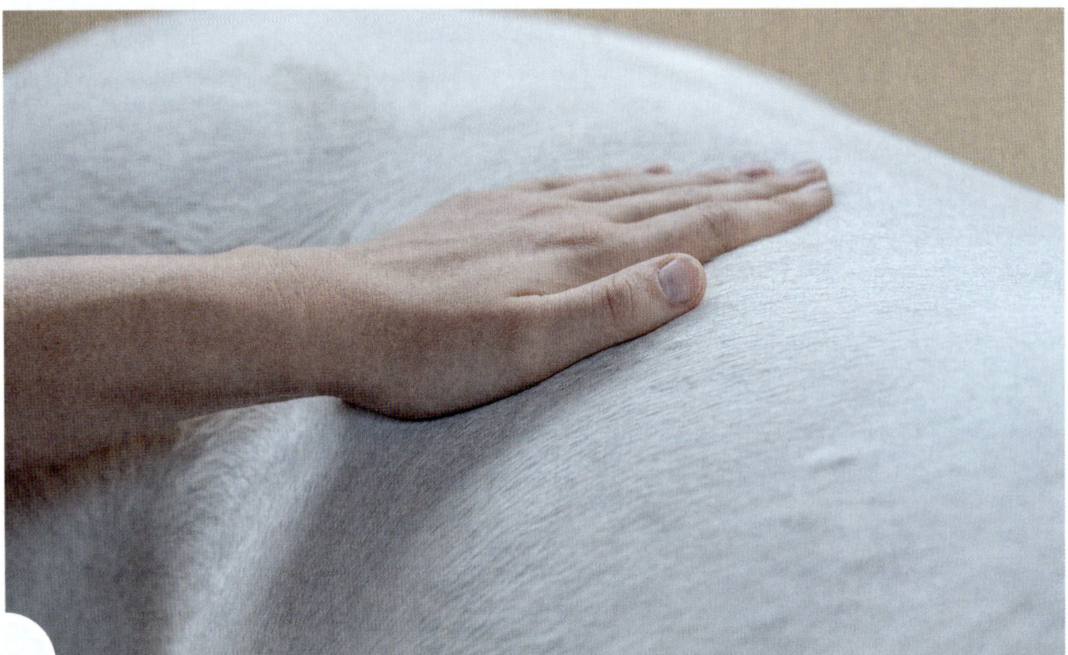

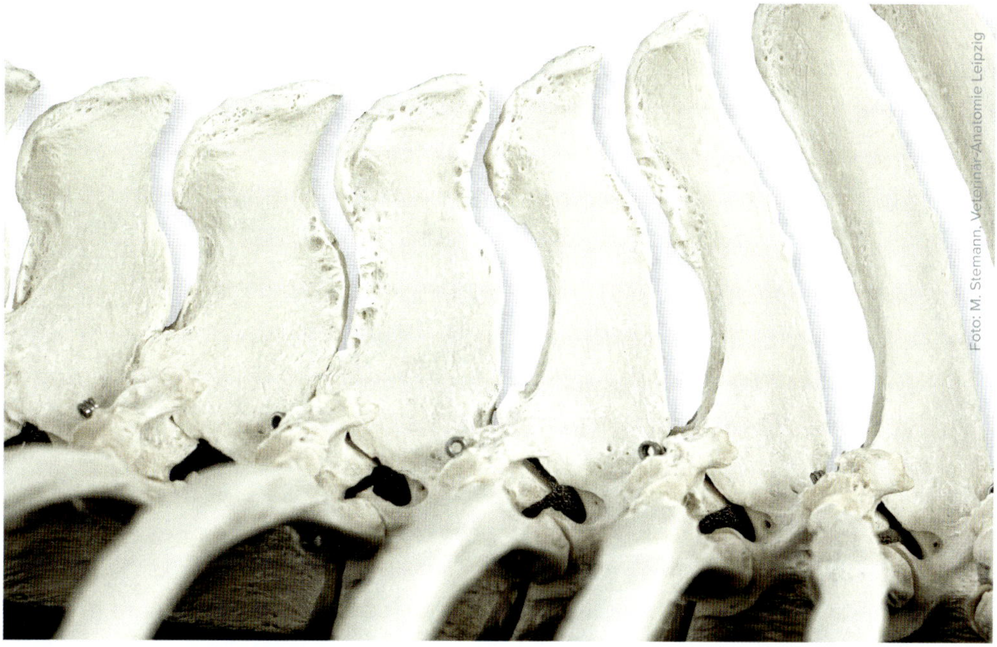

Deutlich sichtbare pathologische Veränderungen der Brustwirbel mit »Nasenbildung«.

Ansicht nach steckt die beim Menschen lange vergeblich gesuchte Ursache des »idiopathischen (orthopädisch nicht zu begründenden) Rückenschmerzes« in der Rückenfaszie.

Die Rückenlendenbinde, Ursprungsort des breiten Rückenmuskels und die viel zitierten Rückenmuskeln überziehend, ist bei jedem Reitpferd mehr oder weniger belastet, denn diese wird unter dem Reitergewicht zwangsläufig komprimiert. Kompression ist nicht trainierbar, sondern immer mehr oder weniger problematisch für Gewebe: Man kann nicht beispielsweise atrophierte Muskulatur in der Sattellage mit noch mehr Gewicht belasten und hoffen, dass sich der Körper daran anpasst, man wird nur mehr und mehr Schaden anrichten. Ein Punkt sind neben Durchblutungsstörungen in der Muskulatur bei punktuellem Druck die Proteoglykane in der extrazellulären Matrix des Bindegewebes. Diese Makromoleküle binden wie ein Schwamm Gewebswasser, was die Zellen in den Faszien ernährt und zum Stoffaustausch dient. Proteoglykane werden durch Kompression zerstört, der Schwamm »ausgedrückt«. Das an sich ist vertretbar, denn der Körper bildet neue Proteoglykane. Dafür benötigt er aber mindestens 48 Stunden. Das Bindegewebe erholt sich. Reitet man aber grundsätzlich täglich (und das noch mit unpassendem Equipment oder einem ungünstigen Gewichtsverhältnis Reiter/Pferd), kann das Gewebe sich nicht erholen und Schäden sind vorprogrammiert.

Sollte man Pferde also besser gar nicht reiten?

Nein, diese Ansicht vertreten wir keinesfalls pauschal. Reiten ermöglicht den, in unserer zivilisierten Welt auf eigentlich immer zu engem Raum gehaltenen, Pferden eine adäquate Bewegung und wirkt korrekt gemacht in vielen Punkten gesundheitsfördernd. Viele Pferde genießen die gemeinsame Bewegung mit ihrem Menschen, welche nachweislich glücklich machen kann (mehr dazu ab Seite 147) und sind von der bloßen Anwesenheit eines guten Reiters weder merklich belastet noch gestresst (wir haben dazu sehr lange Werte mit Pulsmessungen gesammelt).

Aber: Ein Pferd, das bereits Schäden in Form von Abmuskeln oder Schmerzempfindlichkeit zeigt, sollte eine Weile weder geritten, noch anderweitig mit Equipment (Longiergurt z.B.) gearbeitet werden. Diese Kompressionsschäden erkennt der Laie an Löchern und Dellen im Gewebe, insbesondere oft im Bereich des hinteren Sattelendes. Der osteopathische Pferdetherapeut testet die Verschieblichkeit des Gewebes und kann diese durch Behandlung wieder verbessern.

Achtung: Pferde mit Hinterhandproblemen weisen oft stark verspannte Lenden- und Kruppenmuskulatur auf, ohne dass Sattel oder Reiter an sich das Problem wären.

Wie trainiere ich Rückenmuskeln auf?

Diese Frage wird uns sehr häufig gestellt. Kurze Antwort: Indem man sie nicht ärgert, also Störfaktoren ausschaltet. Meist reagiert das Gewebe in der Sattellage sehr positiv auf Reitpausen, in denen aber weiter am Rumpftrageapparat (Trabarbeit) und an den Bauchmuskeln (Biegung und ggf. Galopp) gearbeitet wird. Denn eine ungünstig gewordene Rückenlinie wird nur besser, wenn die Gegenspieler auftrainiert werden. Zu empfehlen zur Rücken-Reha ist das Longieren als Dialog (siehe nächstes Kapitel). Ideal sind begleitende manualtherapeutische Behandlungen und Wärmeanwendungen. Biegung hilft, die Außenseite zu dehnen und so Verspannungen zu lösen und Gewebeverschieblichkeit wieder herzustellen. Rückenpatienten müssen mindestens 6, besser 12 Wochen ohne Equipment auftrainiert werden (Longieren, Handpferdereiten, Handarbeit). Erst dann lohnt das Anpassen des Sattels an die neue, gesündere Rückenlinie. Im Anschluss sollte grundsätzlich nur jeden zweiten Tag geritten werden und das Pferd an den Tagen dazwischen gerne weiterhin ohne Equipment bewegt werden.
Im physiologischen Trab eines unvorbelasteten Pferdes schwingt die Rückenlinie deutlich sichtbar auf und ab – dann arbeiten Rückenband und ventrales Längsband optimal zusammen: Faszien haben die Eigenschaft, sich ohne Energieaufwand wie eine Sprungfeder zusammenzuziehen, wenn sie gedehnt wurden

Reitergewicht und Equipment haben einen großen Einfluss auf die Rückenbewegung des Pferdes.

(Dehnungs-Verkürzungs-Zyklus). Senkt sich die Rückenlinie, dehnt sich das ventrale Längsband und federt schließlich wieder zurück, verkürzt sich also, woraufhin sich das Rückenband dehnt. Das Pferd läuft physiologisch »über den Rücken«.

Nun ist dieser ausgeklügelte Mechanismus sehr anfällig und wird bereits durch das Equipment und das Reitergewicht mitunter stark gestört. James Rooney von der Russel Meerdink Company machte für seine Arbeit »The Lame Horse« hierzu bereits 1997 Messungen mit computergestützten Aufzeichnungen: Er befestigte Markierungschips im Bereich der Brustwirbelsäule und zeichnete die Rückenschwingung auf. Platzierte man den Sattel »auf dem Schwerpunkt« eines Pferdes direkt hinter dem Widerrist und belastete ihn mit »some forty pounds« ergab sich auf der Aufzeichnung eine schöne sinusförmige Welle – der Rücken schwang ausgeglichen nach oben und unten. Wurde der Sattel 25 cm weiter hinten platziert, blockierte das massiv die Rückenbewegung und die wellenförmige Kurve war nicht mehr zu sehen – ventrales Längsband und Nacken-Rückenband konnten nicht mehr im natürlichen Dehnungs-Verkürzungs-Zyklus zusammenarbeiten. Zu hohes Reitergewicht, unpassende Sättel, aber natürlich auch eine unphysiologische Kopf-Hals-Haltung, die den Rücken des Pferdes in die (Über-)Streckung zwingen, überlasten das ventrale Längsband. Das Pferd wird auch ohne Reitergewicht keine schöne Rückenschwingung zeigen, eventuell schmerzempfindlich

Ursachen für Rückenschmerzen

- unpassendes Equipment (Kopfeisen zu eng oder weit, Schwerpunkt ungünstig, Sattel zu lang, ...)
- zu langes, zu häufiges Reiten
- zu hohes Reitergewicht
- Sitz- und Einwirkungsfehler
- dem Ausbildungsstand des Pferdes unangepasstes Reiten (zu früh und zu lange verlangte Aufrichtung)
- Kälte (Pferde mit kältebedingten Rückenverspannungen sollten eingedeckt werden!)
- Aufspringen anderer Pferde
- Übergewicht
- häufige Trächtigkeiten
- Mangelbewegung
- organische Themen (bei Hunden ist dieser Zusammenhang durch Dr. Markus Kasper gut erforscht, bei Pferden zu vermuten!)

sein und allmählich möglicherweise »senkrückiger« werden. Schließlich kommt es zu degenerativen Erkrankungen: Kissing Spines, sich berührende Dornfortsätze, die Pferde unreitbar machen können und in jedem Fall für Rückenschmerzen sorgen, kennen v iele Reiter.
Was selten diagnostiziert wird, weil röntgenologisch schwer darstellbar, sind Verknöcherungen des ventralen Längsbandes: die sogenannte Spondylose deformans, die nicht nur die Beweglichkeit der Wirbelsäule in Richtung Beugung stark einschränkt, sondern ebenfalls stark schmerzhaft sein dürfte. Diese Erkrankung geht oft einher mit Kissing Spines.

Kissing Spines

Vom Kissing Spine (küssende Dornfortsätze)-Syndrom spricht man, wenn sich die Dornfortsätze einzelner Wirbel berühren oder überlagern. Leider kommt das häufig im Bereich vom 12. bis zum 18. Brustwirbel vor, da der Abstand zwischen den Wirbeln dort besonders eng ist. Das ist übrigens der Bereich, in dem wir sitzen. Diese Pathologie ist schmerzhaft und kann durchaus reiterlich verursacht werden, etwa wenn das Pferd häufiger den Rücken vor einem schmerzenden Druck durch Sattel und/oder Reitergewicht wegdrückt und eben nicht losgelassen mit schwingendem Rücken geht.
Interessant ist, dass sehr viele Pferde, die

Sich berührende Dornfortsätze (»Kissing Spines«) können starke Schmerzen auslösen.

klinisch unauffällig sind, röntgenologische Befunde aufweisen: 2005 fertigte der Verdener Tierarztes Dr. Gerd Brunken von den Rücken von 904 Pferden Röntgenbilder an. Dabei wiesen 67,5 % klinisch gesunder Pferde (also Pferde ohne jegliche Schmerzäußerung) Veränderungen auf. Bei 28,1 % der Pferde fand Brunken verkürzte Abstände zwischen den Dornfortsätzen, 17,9 % wurde ein Kontakt oder Überlappen attestiert. Diese Befunde traten auch bei noch nicht gerittenen Pferden auf – je nach Alter nahmen die Befunde leicht zu. Brunken fand heraus, dass in Springpferdelinien deutlich weniger hochgradige radiologische Befunde auftraten, als bei Dressurpferdelinien.
Martina Holmers 2005 abgeschlossene Doktorarbeit mit dem Titel »Röntgenbefunde an den Dornfortsätzen klinisch rückengesunder Warmblutpferde« liefert weitere teilweise andere Erkenntnisse: Von 295 untersuchten Pferden hatten 25 Pferde (8,5 %) keine von der Norm abweichende Befunde an den Dornfortsätzen. Sie gehörten zur Gruppe der jungen Pferde (Gruppe A). Bei den restlichen Pferden (91,5 %) waren röntgenologisch Abweichungen vorhanden. Im Vergleich der Springpferde mit den Dressurpferden konnte nur bei zwei Befunden ein signifikanter Unterschied festgestellt werden. »Dorsale Zubildungen an den Dornfortsatzenden« traten bei 12,1 % der Springpferde und bei 6,0 % der Dressurpferde auf. Eine »Nasenbildung« wurde bei 37,4 % der Springpferde, jedoch nur bei 18,5 % der

Dressurpferde beobachtet. Von 295 Pferden zeigten 160 (54,2 %) mindestens einen Interspinalraum mit einem Abstand von weniger als 4 mm.
Interessant ist, wie viele Pferde Befunde hatten, ohne unrittig oder anderweitig auffällig zu sein. Das legt die Vermutung nahe, dass muskuläre Verspannungen oder Problematiken der umliegenden Weichteile (Bänder, Muskeln, Bindegewebe, ...) einen deutlich höheren klinischen Stellenwert haben und das andersherum betrachtet ein »sauberes« Röntgenbild nicht bedeutet, dass das Pferd schmerzfrei ist.

Trainieren?
Für Pferde mit Kissing Spines gelten dieselben Trainingsempfehlungen wie für Pferde mit »idiopathischen Rückenschmerzen« (siehe oben). Ist die Muskulatur dann wieder gut trainiert, von physiologischer Spannung und das Pferd klinisch (wieder) unauffällig, kann es auch wieder geritten werden: idealerweise nur jeden zweiten bis dritten Tag und mit wechselnden Sitzformen im wechselnden Rahmen (mehr dazu in unserem Buch über die Dehnungshaltung).

Viszerale Erkrankungen: Magen, Darm und Co.

Magenprobleme

Magengeschwüre plagen sehr viele Pferde. Die Ergebnisse verschiedener Studien treffen sich bei erschreckenden 60 Prozent: Zwei Drittel unserer Freizeitpferde und etwas mehr als zwei Drittel der Dressur- und Springpferde leiden unter Magengeschwüren, bis zu 90 % der Rennpferde sind daran erkrankt.
Interessant ist, dass Besitzer der betroffenen Pferde Leistungsschwäche als Hauptsymptom angegeben hatten. Bei Springpferden wurde mit Magenerkrankung der Springstil schlechter, Dressurpferde fingen an, wehrig zu werden und Mängel in der Losgelassenheit zu zeigen. Bei diversen Problemen von Giften beim Satteln bis hin zu schlechterer Rittigkeit und mangelnder Bewegungsfreude ist es also sinnvoll, an Magenprobleme zu denken. Der Tierarzt sichert die Diagnose über eine Gastroskopie und verordnet dann sehr wahrscheinlich säureblockende Medikamente, um den Magen zu schützen.
Interessant für die Reha ist natürlich, wie es zum Magengeschwür gekommen sein könnte. Viel wichtiger als bestimmte Bewegungsabläufe zu trainieren ist bei Magenthemen, Fütterung, Haltung und Emotionen des Pferdes im Blick zu haben und seinen Alltag sinnvoll zu managen.

Trainieren?
Zumindest bewegen sollten sich Magenpatienten durchaus. Und zwar am besten so, dass es sie nicht stresst und möglichst wenig Sympathikusaktivität erzeugt wird. Bis die Verletzungen der Magenschleimhaut abgeheilt sind, ist es äußerst sinnvoll, auf überschwellige Trainingsreize zu verzichten und Dinge zu tun, die

Risikofaktoren für die Entwicklung von Magengeschwüren

Stress: Eine chronisch erhöhte Sympathikusaktivität kann eine Überproduktion von Magensäure zur Folge haben. Der Magen von gestressten Pferden produziert oft gleichzeitig zu wenig die Magenwände schützenden Schleim. Stress wird zum Beispiel verursacht durch:

> ungünstige Herdenkonstellation
> zu wenig Platz pro Pferd im Offenstall oder auf dem Auslauf
> häufige Transporte
> häufige Stallwechsel
> häufiger Wechsel von Bezugspersonen
> chronische Schmerzen (sei es durch degenerative Erkrankungen oder unpassende Sättel)
> Über- oder Untertraining
> fehlende Regeneration, Schlafmangel
> Hunger/zu lange Fresspausen.

Fresspausen sind auch insofern kritisch, als dass der Magen und das gesamte Verdauungssystem des Pferdes auf dauerhafte Futteraufnahme bzw. Fresspausen von maximal vier Stunden ausgelegt ist. Ist der Magen tatsächlich leer, greift die Magensäure eventuell die Magenwände an. Deswegen ist die Zurverfügungstellung von qualitativ einwandfreiem Heu entscheidend. Ist der Magenpatient nicht übergewichtig, so ist eine Ad-libitum-Fütterung, wobei rund um die Uhr Heu frei verfügbar ist, der einfachste Weg. Muss das Heu rationiert werden, dürfen die Fresspausen auch über Nacht keinesfalls länger als vier Stunden betragen. Gerade in Gruppenhaltungen sind die Anzahl an Fressplätzen und der Herdenstress bei der Fütterung oft ein erheblicher Teil des Problems.

das Pferd grundsätzlich gern mag und die es entspannen. Das kann ruhige Arbeit an der Hand sein, Balance Pads, Stresspunktmassagen oder auch ein schöner Spaziergang. **Achtung:** steil bergab gehen kann für Magenpatienten unangenehm sein. Lockeres Longieren am Kappzaum im Wohlfühltempo ohne explizite Anforderungen an die Biegung oder das Tempo ist empfehlenswert, denn zwanglose Bewegung macht glücklich, siehe Seite 147.
Letztlich kommt es darauf an, so viele Risikofaktoren wie möglich abzustellen, um die Heilung der Magengeschwüre nicht zu beeinträchtigen, wobei der artgerechten Heufütterung ohne lange Fresspausen und einer möglichst stressarmen Haltung

Mash

Von einer erfahrenen Berberzüchterin haben wir ein einfaches Mashrezept, das wir Pferden prophylaktisch in stressigen Lebensphasen anbieten:
100 Gramm Goldleinsamen
100 Gramm blütenzarte Haferflocken
ggf. 100 Gramm Luzernecobs

Hafer und Leinsamen mit genügend heißem Wasser überbrühen und 30 Minuten ziehen lassen, Luzernecobs einweichen. Alles vermischen und handwarm verfüttern. Die Schleimstoffe aus Hafer und Goldleinsamen tun der Magenschleimhaut gut und sorgen für »reibungslose« Verdauung. Wir machen sehr gute Erfahrungen mit dem täglichen Verfüttern rund um Stresssituationen wie etwa einen Stallwechsel, einen Kursbesuch, ein Turnier oder eine Show und generell bei Pferden mit Verdacht auf Magenschmerzen.

oberste Priorität zukommt. Einige Magenprobleme geben sich mit einem Stallwechsel, besserer Fütterung oder wenn das Pferd sich nicht mehr mit ständig wechselnden Reitbeteiligungen oder dem übermäßigen sportlichen Ehrgeiz des Besitzers auseinandersetzen muss. Ein Magenpatient sollte im Akutfall nicht auf Shows, Turniere oder externe Kurse fahren und auch nach Abklingen der Symptome entsprechend seltener und vorsichtiger für Veranstaltungen eingesetzt werden.
Viele Magenpatienten sollten nicht mit leerem Magen bewegt werden: Legen Sie Ihrem Pferd während des Putzens eine Portion Heu zum Knabbern hin, sodass es 30 Minuten Heufresszeit hatte, bevor es losgeht. Im Training ist grundsätzlich der Losgelassenheit oberste Priorität einzuräumen.

Kolikneigung und Kolik-OP

Das Wort »Kolik« meint erstmal krampfartige Bauchschmerzen. Deshalb ist es wichtig, Ihren Tierarzt bzw. den Pferdebesitzer des Rehapferdes zu fragen, woher die Schmerzen im Einzelfall kamen. Eine Nierenkolik oder durch eine Eierstockzyste verursachte Kolik ist etwas anderes als eine Gaskolik oder Milz-Nierenband-Kolik und hat neben anderen Ursachen auch andere Präventionsmaßnahmen.
Risikofaktoren für die Entwicklung von Koliken sind ähnlich wie die für Magengeschwüre, denn nur im Parasympathikus arbeitet der hoch komplizierte Verdauungstrakt optimal. Zusätzlich wären noch mangelhafte Futterqualität, zu wenig Wasseraufnahme und in aller

Deutlichkeit neben stressigem Übertraining auch der Bewegungsmangel hervorzuheben, denn das gesamte Verdauungssystem des Pferdes ist auf eine kontinuierliche Bewegung von rund 16 Kilometern pro Tag ausgelegt. Steht das Pferd über viele Stunden oder gar tagelang am Stück nur herum – sei es in der Box oder auch im Paddock, im ungünstigsten Fall vor einer mit Stroh gefüllten Raufe – sind Beschwerden vorprogrammiert. Tägliches Bewegen ist neben artgerechter Heufütterung die beste Prophylaxe.

Nach einer Kolik-OP

Kolik-OPs werden immer häufiger und immer erfolgreicher durchgeführt. Eine Studie* befasste sich mit den Heilungschancen und Spätfolgen: *»Wenn das Pferd nach einer Kolik-OP als geheilt aus der Klinik entlassen wird, dann sind die langfristigen Überlebenschancen und die Aussichten, seine*

* »Long-term follow-up on recovery, return to use and sporting activity: a retrospective study of 236 operated colic horses in Finland (2006–2012)« von Isa Anna Maria Immonen, Ninja Karikoski, Anna Mykkänen, Tytti Niemelä, Jouni Junnila und Riitta-Mari Tulamo

Auch sieben Monate nach der Kolik-OP bleibt die Bauchlinie dieses Ponys auffällig.

sportliche Tätigkeit wieder auf dem früheren Leistungsniveau ausüben zu können, durchaus gut. Keiner der untersuchten Faktoren hat nachweislich die Wahrscheinlichkeit eines sportlichen Comebacks in der gleichen oder der gewünschten Disziplin nach einer Kolik-OP beeinträchtigt. Die Mehrzahl der Pferde konnte seine frühere Aktivität nach einer Kolik-OP wieder aufnehmen und mehrere Jahre lang zufriedenstellend ausüben.«

Die Wahrscheinlichkeit nach einer Kolik-OP erneut zu erkranken bemaß sich auf 1,7fach erhöht gegenüber nicht operierten Pferden – das ist ziemlich ermutigend.

Trainieren?

Ja, in Absprache mit dem Tierarzt. Was eine OP immer hinterlässt, sind Vernarbungen und natürlich mehr oder weniger starke Verletzungen der Bauchmuskulatur und dazugehöriger Faszien. Wann das Pferd wieder trainiert werden darf, legt der Tierarzt fest. Da es nach einer OP entsprechend lang stehen musste (siehe Abschnitt über Boxenruhe am Anfang dieses Kapitels), bieten sich für die ersten Wochen nach der Boxenruhe vorsichtige Spaziergänge an (siehe Seite 59).

Für die Rehaphase können neben dem normalen Aufbautraining in der Longieren als Dialog – Basisübung (siehe Seite 97) gezielt Dinge trainiert werden, die indirekt die Bauchmuskulatur kräftigen: etwa Schenkelweichen und Biegungen sowie Seitengänge an der Hand (siehe Seite 136), nach mehreren Monaten und in Abstimmung mit dem behandelnden Tierarzt durchaus auch fokussierte Galopparbeit (siehe Seite 116).

Was bei Bauchschmerzen auch meist leidet, ist der Bewegungsablauf der Hinterbeine: viele Pferde winkeln Knie- und Sprunggelenke weniger, manche lassen sogar die Zehen schleifen. Was hier hilft, ist das Training mit Schrittcavaletti und der Stangenfächer (siehe Seite 123 und 128).

Achtung: Pferde, die häufiger unter Bauchschmerzen leiden, haben oftmals eine Tendenz zum Karpfenrücken und trotz eventueller OP-Narben eher hypertone Bauchmuskeln. Sie sollten sogar eher »entsammelnd« trainiert werden und eben nicht exzessiv Schenkelweichen, Seitengänge ausführen oder galoppiert werden.

Chronische Lungenbeschwerden

Atemwegserkrankungen wie COB (Chronisch obstruktive Bronchitis) kann man nicht allein durch Rehatraining wegbekommen:

Neben nicht ausreichend behandelten Infekten, mäßiger Futterqualität und schlechtem Stallklima gibt es jedoch einen Risikofaktor für Atemwegsprobleme, den wir durch Training bestens beeinflussen können: (Mangel-)Bewegung. Das gesamte Atemsystem des Pferdes ist nämlich ebenso wie sein Verdauungssystem auf tägliche kilometerlange Bewegung an der frischen Luft ausgelegt.

Ein frischer Galopp im Entlastungssitz belüftet die Lunge.

Die Lunge eines Pferdes wird optimal belüftet und kann sich gänzlich selbst reinigen, wenn das Pferd zwei Mal pro Woche für 20 Minuten frisch vorwärts galoppiert, und zwar in einer natürlichen Haltung mit geöffnetem CTÜ (cervikothorakaler Übergang) und der Stirn-Nasenlinie deutlich vor der Senkrechten. Aufgrund dessen ist es also grundsätzlich anzustreben, jedes gesunde Pferd zwei Mal pro Woche ins Gelände zu reiten und dabei solange wie möglich auch zu galoppieren, und zwar eben nicht mit kurzen Zügeln in Aufrichtung und Beizäumung, sondern am langen Zügel in Gebrauchs- oder auch Dehnungshaltung. Dabei werden nämlich nicht nur die Atemorgane direkt belüftet und gereinigt, sondern auch der *M. serratus ventralis* trainiert, welcher nicht nur der Hauptrumpfträger, sondern auch ein wichtiger Atemhilfsmuskel ist. Vermehrtes, tiefes Abschnauben zeigt an, dass das Zwerchfell sich löst. Rhythmisches Atmen im Takt der Bewegung, also bei jedem Galoppsprung, zeugt von Losgelassenheit und reibungslosem Zusammenspiel. Ein einmaliges, trockenes Abhusten beim Antraben oder Angaloppieren ohne akuten Infekt kann einen Behandlungsbedarf der Rumftragemuskulatur, der Zwischenrippenmuskulatur oder des Zwerchfells anzeigen – grundsätzlich sollte jeder Husten tierärztlich abgeklärt werden.

Mit langem Hals und geöffnetem Genick kann Schleim abgehustet werden.

Solange das der Ausbildungs- oder Trainingszustand von Pferd und Reiter noch nicht zulassen oder orthopädische Erkrankungen das Galopptraining verbieten, ist stattdessen so lange wie möglich zu traben. Auch zweimal wöchentlich eine halbe Stunde im Arbeitstrab mit so langem Hals wie möglich trägt entscheidend zur Atemwegsgesundheit bei, und das geht nicht nur unterm Sattel, sondern eben auch an der Kappzaumlonge, etwa auf dem großen Oval oder in der Basisübung, eventuell in Kombination mit Trabstangen (siehe Kapitel über das Longieren ab Seite 125) und bitte wann immer möglich an der frischen Luft. Werden Pferde dagegen aus welchen Gründen auch immer nur im Schritt bewegt oder ausschließlich in versammeltem Tempo und in Dressurhaltung geritten oder an der Hand gearbeitet, leiden mittelfristig auch die Atemorgane.

Trainieren?

Bei akuten Infekten mit Husten und Nasenausfluss (durchsichtig ist normal, weißlich sollte überprüft werden, gelblich und grünlich sind dringend behandlungsbedürftig) oder gar Fieber bewegen Sie das Pferd bitte nur im Schritt, bis der

Tierarzt es untersucht und behandelt hat. Sobald das Training wieder freigegeben ist sowie bei vielen chronischen Hustern ist tägliche Bewegung, oft in Kombination mit Inhalation, anzuraten. Grundsätzlich ist dabei auch die oben genannte Trabdauer von 30 Minuten anzustreben, plus so viel Galopp wie eben möglich ist. Je nachdem, inwieweit die Lunge des Pferdes bereits geschädigt ist, sind der Trainierbarkeit allerdings Grenzen gesetzt. Überprüfen Sie regelmäßig die Pulswerte Ihres Pferdes und bleiben Sie auch im Trab und Galopp im Bereich der Grundlagenausdauer Stufe 2 bis zu einer Pulsfrequenz von etwa 160. Sollte Ihr Pferd bereits einen erhöhten Ruhepuls von mehr als 40 Schlägen pro Minute haben oder der Puls fünf Minuten nach Belastung nicht unter 64 sein, dann sprechen Sie Ihren Tierarzt ganz konkret auf eine Leistungsdiagnostik an.

Pferde, die seit einer Weile Probleme mit den Atemwegen haben, können karpfrückig werden und hypertone Bauchmuskeln bekommen (erkennbar an der sogenannten Dampfrinne). Obwohl Galopp die Lunge sehr gut belüftet, sollten solche Pferde eher (idealerweise im Gelände) geradeaus getrabt als exzessiv galoppiert werden.

Was bei COB-Pferden oft verspannt ist, sind die Zwischenrippenmuskeln. Wir haben gute Erfahrungen mit Intercostalausstreichungen (kann Ihr Pferdephysiotherapeut oder -osteopath) und anschließendem Longieren im Trab und Galopp gemacht.

In korrekter (Rumpf-)Biegung entsteht eine leichte Dehnung der Zwischenrippenmuskeln der Außenseite. Viele Pferde schnauben oder husten deswegen auch nach erfolgreicher Biegung wie etwa dem Stangenfächer (siehe Seite 128) ab und fühlen sich sichtlich wohler.

Warum sollten Lungenpatienten vorwiegend in Dehnungshaltung mit offenem Genickwinkel longiert und geritten werden?

Franz Ellendorf beschreibt in seinem Buch *»Leistungstraining für das Pferd«*, wie sich der Atmungswiderstand mit zunehmender Genickbeugung erhöht: *»Insbesondere (...) führen die Kopfpositionen ‚hinter der Senkrechten' und ‚falscher Knick' zu einer Strömungsverengung im Bereich des Kehlkopfes mit der Gefahr einer Einschränkung der erforderlichen Sauerstoffaufnahme und Kohlendioxidabgabe.«*

Die Luftröhre verläuft unterhalb der Halswirbelsäule und des cervikothorakalen Übergangs (CTÜ) und bildet in Aufrichtung ein »U« im Bereich des CTÜ. Hier kann sich Schleim festsetzen. Wie jeder Besitzer eines Hustenpferdes weiß, kann Schleim nur bei tiefer Kopf-Halshaltung abgehustet werden. Außerdem treten aus dem Bereich des CTÜ Nerven aus den Zwischenwirbellöchern, die Zwerchfell *(N. phrenicus)* und Kehlkopf *(N. laryngeus recurrens)* versorgen.

In höherer Aufrichtung (etwa beim Herausheben) werden diese komprimiert – ungünstig für ein Pferd, das ohnehin Atemwegsprobleme hat.

KLASSISCHE TRAININGS-THERAPIEMASSNAHMEN AM BODEN

Die **klassische Reitlehre enthält zahlreiche Übungen zur Lösung nahezu jedes möglichen Problems** – vom Boden oder vom Sattel aus.

Die Kunst ist, die passenden Lektionen für das individuelle Pferd und seine Befunde oder Probleme auszuwählen und diese dann in der Praxis korrekt auszuführen.
Wir brauchen im Sinne der Trainingstherapie nichts neu zu erfinden, sondern schöpfen aus dem Wissensschatz der klassischen Reitlehre.
Im dritten Teil dieses Buches geben wir nun einen Überblick über verschiedene Trainingstherapiemaßnahmen, wobei wir uns wie zuvor geschrieben zunächst auf das Training vom Boden aus beschränken. Jede Übung ist für irgendetwas gut und für irgendetwas anderes weniger gut. Wir wollen erläutern, welche Lektionen welchem Zweck dienen und welchem Fall guttun und wann man sie besser unterlässt. Die grundsätzlichen Fragen sind: Was wollen wir im individuellen Fall mobilisieren, was wollen wir stabilisieren oder gezielt kräftigen?
Für die praktische Umsetzung geben wir in all unseren Büchern natürlich zahlreiche Tipps und verweisen in diesem Kapitel dann auf verschiedene weitere Veröffentlichungen, in denen die Themen vertieft werden.
Die korrekte Ausführung der ausgewählten Übungen gelingt jedoch den wenigstens Menschen rein durchs Bücherlesen. Bitte nehmen Sie also unbedingt praktischen Unterricht bei einem versierten Ausbilder und/oder kommen Sie zu unseren Praxistagen, um sich in der direkten Arbeit mit echten Pferden anleiten zu lassen.

Beim Longieren am Kappzaum werden die Strukturen in der Sattel- und Gurtlage keinerlei Kompression ausgesetzt.

»Longieren als Dialog« in der Trainingstherapie

In unserem Longierkonzept »Longieren als Dialog« (LAD) geht es um physiologisches Bewegen am Kappzaum. Diese Art des Longierens eignet sich natürlich als Grundlage für weitere Ausbildung auch für gesunde Pferde, findet aber ebenso ausgesprochen erfolgreiche Anwendung in der Trainingstherapie und Prävention weiterer Erkrankungen. Das Trainingskonzept ist pferdeschonend und für jedermann erlernbar, dabei aber sehr effizient. Es wirkt ausgleichend sowohl auf das Nervenkostüm, als auch auf alle möglichen körperlichen Defizite des Pferdes. Wichtige Prinzipien klassischer Pferdeausbildung werden vermittelt, spür- und sichtbar gemacht. Verhaltensprobleme verschwinden häufig wie nebenbei durch den durchdachten Übungsaufbau und ein für Pferde nachvollziehbares System in der Hilfengebung, welches die klassische Handarbeit sowie natürlich das Reiten logisch vorbereitet. Deswegen beginnen wir auch in diesem Buch zunächst mit dem Longieren als Dialog.

Das Pferd wird dabei mit einem gut passenden und weich gepolsterten Kappzaum ausgestattet und trägt keine sonstige Ausrüstung. Damit ist das Longieren prädestiniert als Trainingsform ohne Kompression auf sämtliche Strukturen in der Sattel- und Gurtlage des Pferdes. Insbesondere die Rückenlendenbinde und die Widerristbinde sind ja leider gerade bei Reitpferden häufig in

Mitleidenschaft gezogen, bei vielen Rückenproblemen (siehe Seite 80) die Quelle des Schmerzes und wortwörtlich der Ursprung diverser muskulärer Probleme. Leidet der Trainingszustand des Hauptrumpfträgers *(M. serratus ventralis)*, kann es in Folge dessen zu Erkrankungen an den Pferdebeinen kommen. Im Umkehrschluss ist bei bestehenden Problemen an den Vorderbeinen ein gut trainierter *M. serratus ventralis* nötig, um weitere Schäden zu vermeiden (siehe Kasten auf Seite 99).

Generell ist es sinnvoll, zwischen Reiteinheiten immer wieder Pausentage einzubauen, an denen der Rücken keinerlei Kompression ausgesetzt ist. Zur Regeneration nach sichtbaren Schäden (»Löcher« und »Dellen« in oder hinter der Sattellage) ist es angebracht, zusätzlich zur osteopathischen oder physiotherapeutischen Behandlung sogar über mehrere Wochen ohne jede Einschränkung von oben zu trainieren, sodass das Gewebe sich erholen kann und wieder frei verschieben lässt. Auch die im Folgenden besprochenen Muskelgruppen und -ketten können ohne Einschränkung ideal »zum Leben erweckt« werden und störungsfrei lernen, (wieder) zu arbeiten.

Longieren als Dialog ist ein vielfältiges Bewegungsprogramm, welches aus verschiedenen Übungen besteht. Diese sind natürlich individuell anpassbar und auswählbar je nach Befund und Trainingsziel. Insgesamt bilden sie ein effizientes »Ganzkörperworkout«. Genau beschrieben sind alle Übungen und das System der Hilfengebung im gleichnamigen Buch, verschiedenen Onlinekursen und werden von lizenzierten Trainern deutschlandweit gelehrt.

Die Basisübung

In diesem Buch erläutern wir die sogenannte Basisübung, die die Grundlage des LAD-Konzepts bildet und zahlreiche Vorteile für die Trainingstherapie bietet. Dabei longiert man gerade und gebogene Linien im steten Wechsel, indem man das Pferd einige Meter ganze Bahn gehen

Basisübung

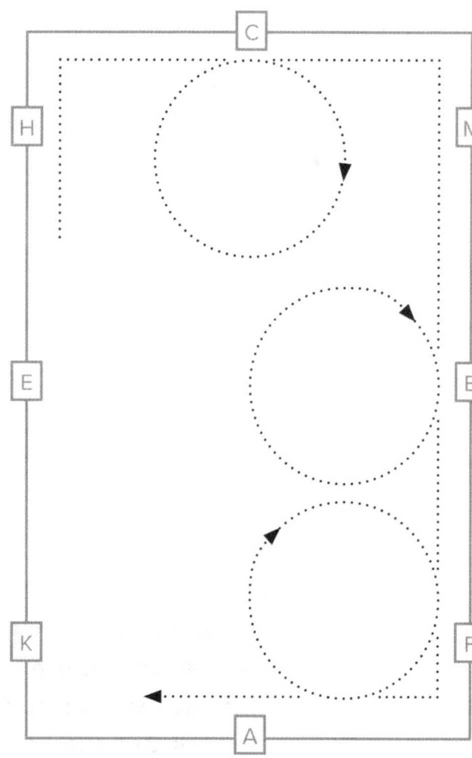

M. glutaeus medius

Der Kruppenmuskel ist eine wichtige Schnittstelle zwischen dorsaler Muskelkette und Schubentwicklung. Er hat seinen Ursprung im *M. longissimus lumborum* (Lendenteil des langen Rückenmuskels), diversen Faszien und Bändern im Becken- und Iliosakralbereich und setzt am Trochanter major an, einem gewaltigen Knochenfortsatz des Oberschenkelknochens. Er streckt das Hüftgelenk und erzeugt die hintere Stützbeinphase, die wir für Schubentwicklung benötigen.

lässt, eine große Volte macht und danach weiter ganze Bahn geht, bevor man die nächste Volte macht und so weiter.
Die Basisübung trainiert im Wechselspiel sowohl die ventrale als auch die dorsale Muskelkette. Während der Volte sind insbesondere die ventralen Muskeln gefragt, also alle Muskeln, die die Wirbelsäule beugen, i.e. die Bauchmuskulatur, die den Rücken des (Reit)-Pferdes im hinteren Bereich der Brustwirbelsäule und im Lendenbereich gegen die Schwerkraft und gegen ein späteres Reitergewicht stabilisieren hilft (genau erklärt im Buch »Biegung«). Bei Rückenproblemen und insbesondere bei Kissing Spines an der mittleren und hinteren Brustwirbelsäule sowie an der Lendenwirbelsäule sind gut trainierte Bauchmuskeln unerlässlich. Schwache Bauchmuskeln erkennt man oft schon im Stand, wenn der Rücken sichtbar eine Tendenz zur Senkrückigkeit hat (»viel Schwung«) und an einer sehr runden Kniefalte.
Die Standard-Voltengröße ist zehn Meter, wobei es sich in der Trainingstherapie nach vielen Beinerkrankungen (Sehnen, Fesselträger, Hufrollenapparat) empfiehlt, die Volten zunächst mit einem Durchmesser von 15 Metern oder mehr anzulegen. Auf den Geraden zwischen den Volten wird vorrangig die dorsale Muskelkette trainiert, besonders wenn man dabei Tritte verlängert. Die dorsale Muskelkette bezeichnet alle Muskeln, die die Wirbelsäule strecken. Dazu gehört die gesamte Oberlinie des Pferdes, wobei bei vielen Pferden insbesondere der *M. glutaeus medius*, der für die Schubkraft zuständig ist, auftrainiert werden muss.

Das reibungslose Zusammenspiel der Muskelketten macht im Endeffekt die Losgelassenheit und den schwingenden Rücken des Pferdes aus. Wird die Basisübung mit korrekten Geraden und tatsächlich gebogenen Volten auf beiden Händen in derselben Qualität longiert, gleicht sie individuelle Schwächen des Pferdes aus. Sie wirkt lösend, verbessert die Dehnungsbereitschaft und trainiert in ausgeglichenem Verhältnis sowohl Schubkraft (auf den Geraden, insbesondere wenn man hier noch jedes Mal ein sanftes Schritte- oder Tritteverlängern auslöst) als auch die Tragkraft des inneren Hinterbeins (in den Volten).
Diese positiven Effekte hat die Basisübung bereits im Schritt oder selbst wenn sie noch nicht longiert, sondern nur gekonnt geführt wird. Somit eignet sie sich also bereits als interessantes und gymnastisch sinnvolles »Schrittführen«, etwa in Abwechslung mit Geländespaziergängen geradeaus. Sie kann ergänzt werden um weitere Übungen aus dem LAD-Konzept und der klassischen Handarbeit sowie den Stangenfächer, welche wir in den folgenden Kapiteln vorstellen werden.

LAD als Rumpfträgertraining

Sofern ein Pferd auch im Trab trainiert werden kann, sollte dieser nach dem Erlernen der Hilfengebung und dem Aufwärmen dann die Haupttrainingsgangart beim Longieren sein. Im Trab trainiert sich neben den oben genannten Muskelketten nämlich auch der überaus wichtige Rumpftrageapparat (siehe Kasten unten).

Der Rumpftrageapparat

Der Rumpf des Pferdes ist nicht durch knöcherne Strukturen mit den Vordergliedmaßen verbunden, er wird nur durch Muskeln und bindegewebige Strukturen »gehalten«. Der untere Sägemuskel *(M. serratus ventralis)* ist die stärkste Verbindung des Rumpfes mit dem Vorderbein. Er besteht aus zwei Anteilen: Der halswärtige Anteil zieht von den Querfortsätzen des vierten bis siebten Halswirbels an die *Facies serrata*, eine Fläche auf der Innenseite des Schulterblatts. Der brustwärtige Anteil verbindet die Facies serrata mit den ersten acht bis neun Rippen. Der *M. serratus ventralis* ist der wichtigste Rumpfträger. Es gibt einen rechten und einen linken *M. serratus ventralis*, die meisten Muskeln des Pferdes sind paarig angelegt. Oft ist ein Rumpfträger schwächer als der andere, das erkennt man daran, dass das Schulterblatt auf der schwächeren Seite höher herauszustehen scheint und es so wirkt, dass der Unterhals mehr hervortritt*.

* Buchtipp: *Einmal überbaut, immer überbaut*, Barbara Welter-Böller und Claudia Weingand.

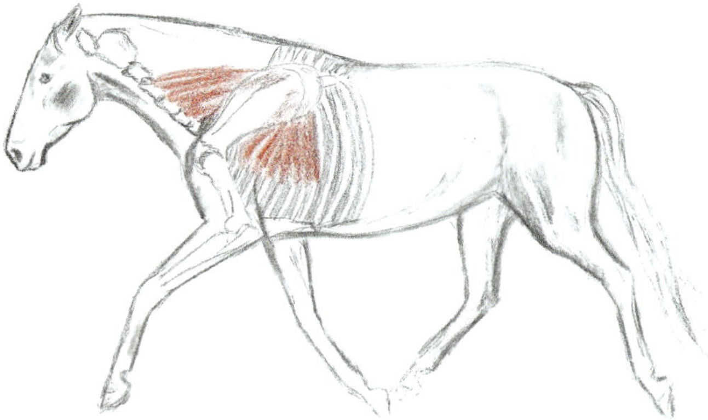

M. serratus ventralis mit seinen beiden Anteilen

Der *M. serratus ventralis* wirkt wie ein Stoßdämpfer, indem er das Rumpfgewicht etwas abfedert, sodass es nicht ungebremst in die unteren Gelenke geht und Beugesehnen, Fesselträger oder Hufrollensystem unphysiologisch belastet. Das kann man sich vorstellen wie bei einem Trampolin: Das Trampolin benötigt eine gewisse Spannung, um den darauf hüpfenden Menschen zurück zu federn. Gerade Reitpferde, deren Rücken mit zusätzlichem Gewicht belastet wird, brauchen einen gut trainierten *M. serratus ventralis.*
Ist der *M. serratus ventralis* nicht gut trainiert, belastet jeder Schritt, Tritt oder besonders jeder Galoppsprung des Pferdes die Vorhand in besonderem Maße: Das eigene Rumpfgewicht in Kombination mit dem Gewicht des Reiters prallt sozusagen »ungefedert« in die Fesselträger und Beugesehnen, das Fesselgelenk, die unteren Gelenke und den Hufrollenapparat. Gerade Pferde mit diesen Befunden sollten also schonend entsprechend auftrainiert werden. Auch für Pferde mit Problemen in der Halsbasis bzw. am cervikothorakalen Übergang (CTÜ) ist ein gut trainierter *M. serratus ventralis cervicis* essenziell.
In der Arbeitsgangart Trab wird der Rumpfträger nachhaltig trainiert: Von Natur aus ist in dieser schwunghaften Gangart mit Schwebephase die Rumpfspannung ein klein wenig höher als im Schritt. Bei jedem Trabtritt wird der *M. serratus ventralis* gefordert und dabei eben gefördert, wozu das Traben in Dauermethode (siehe *Gutes Training schützt das Pferd*) ideal geeignet ist. Das imaginäre Trampolin federt rhythmisch und wird dabei stärker. Besonders gut geht das in der Dehnungshaltung (siehe Buch über die *Dehnungshaltung*). Aus diesem Grund ist der Trab in der klassischen Reitlehre die Hauptarbeitsgangart. Im Schritt wird der Rumpfträger dagegen kaum trainiert, der Galopp enthält neben gesteigerten Anforderungen für den Rumpfträger außerdem zwei Einbeinstützen, also Momente, in denen das gesamte Gewicht von Pferd plus Reiter von einem einzelnen Pferdebein abgefangen werden muss. Dies kann insbesondere für junge Pferde oder solchen mit eben noch nicht so gut vorbereitetem Rumpftrageapparat sehr verschleißend sein. Deswegen ist der Trab mit seinen Zweibeinstützen als schonendere Gangart im Training vorzuziehen.

Als Faustregel für ein Pferd im Aufbautraining zum Reitpferd gilt, dass es die Basisübung 20 Minuten lang im Trab durchhalten sollte. Nach jeweils fünf Minuten erfolgt ein Handwechsel, sodass man also fünf Minuten linke Hand, fünf Minuten rechte Hand, nochmals fünf Minuten linke Hand und nochmals fünf Minuten rechte Hand im Trab longiert hat. Ein Trainingsplan könnte so aussehen, dass man über acht Wochen jeden zweiten bis dritten Tag die Basisübung in der Dauermethode Trab longiert und danach das Pferd wieder zum Gerittenwerden bereit ist, da sich in diesem Zeitraum alle oben angesprochenen, für das Tragen des Reiters wichtigen Muskelgruppen auftrainieren können.

In Bewegung kommen, gesund werden

Die Longieren als Dialog-Basisübung kann außerdem um ein variantenreiches Cavalettitraining (mehr dazu ab S. 123) und den Galopp, etwa auf dem so genannten »großen Oval« ergänzt werden. Das Konzept hat zahlreiche weitere positive Nebeneffekte, die in der Trainingstherapie und zur allgemeinen Gesunderhaltung wichtig sind: Bewegt sich das Pferd kontinuierlich mit einer Geschwindigkeit von über fünf Stundenkilometern (also mindestens in einem nicht allzu langsamen Schritt, besser noch in einem ruhigen Trab), kann die sogenannte »Hufpumpe« optimal arbeiten. Bei jedem Schritt unterstützt der Hufmechanismus den Blutkreislauf des Pferdes, weswegen man die Hufe des Pferdes auch seine »vier kleinen Herzen« nennt. Die Hufpumpe ist unerlässlich für die optimale Nährstoffversorgung des Hufes sowie die Durchblutung des Pferdebeins unterhalb des Karpalgelenkes, da das Pferd hier im Gegensatz zum Menschen keine Muskulatur und somit auch keine Venenpumpen hat. Der Huf pumpt nicht nur Blut, sondern wirkt auch auf das Lymphsystem. Jegliche Heilungs- und Aufbauprozesse sind von einem funktionierenden Stoffwechsel abhängig und bis der richtig in die Gänge kommt, kann es je nach Pferdegröße und Funktionsfähigkeit des Hufmechanismus bis zu 40 Minuten kontinuierlicher Bewegung bedürfen. Das hilft nicht nur den Beinen, sondern auch der gesamten Oberlinie des Pferdes, denn für Aufbau und Regeneration muss Sauerstoff bis in die entlegenste Zelle transportiert werden. Das Pferdeherz ist nicht darauf ausgelegt, den gesamten Kreislauf alleine zu bewerkstelligen, sondern wird bei gleichmäßiger gediegener Bewegung eben von der Hufpumpe unterstützt. Mit dem lockeren Longieren an reitfreien Tagen oder zum Aufbautraining, bevor ein Pferd nach Beinerkrankungen oder Rückenproblemen überhaupt wieder geritten wird, kann man dem Pferd einen großen Dienst erweisen – auch wenn das zwanglose Trabenlassen dressurmäßig natürlich nach noch nicht viel Training aussieht. Die Hufpumpe springt selbstverständlich

Kontinuierliches, flüssiges Schreiten bringt die Hufpumpe in Gang.

Mein Pferd steht doch im Offenstall oder kommt jeden Tag aufs Paddock …

Keine Frage, freie Bewegungsmöglichkeit in der Herde ist durch nichts zu ersetzen. Kontrollierte, vom Menschen organisierte und gezielt angewendete Bewegung aber eben auch nicht! Selbst in durchdachten, artgerechten Haltungssystemen wandern Pferde nicht wirklich kilometerweit in gleichmäßigem Tempo, was zur Heilung und Prophylaxe zahlreicher Erkrankungen wichtig wäre! An der Tagesordnung sind eher wenige Minuten explosives Rennen und Spielen und dann oft stundenlanges Herumstehen, selbst in ausgesprochenen »Bewegungsställen« und Paddocktrails. Sorgen Sie also Ihrem Pferd zuliebe selbstverständlich für so artgerechte Haltung wie irgend möglich, aber seien Sie sich bewusst, dass die allermeisten Pferde – insbesondere, wenn bereits Probleme bestehen! – zusätzliche oder je nach Erkrankung zeitweise sogar ausschließlich kontrollierte Bewegung durch den Menschen benötigen.

auch bereits bei flotten Schrittspaziergängen oder beim Handpferdereiten an. Auch hierbei ist auf zwangloses, kontinuierliches Schreiten oder entspanntes Traben zu achten und idealerweise eine Dauer von mindestens 40 Minuten zu erreichen, um den Stoffwechsel einmal komplett in Gang zu setzen.
Ab etwa 20 Minuten zügigem Gehen oder Longieren steigt außerdem die Körpertemperatur an, da Muskelaktivität bekanntlich Wärme produziert. Das hat einen positiven Effekt auf die Fluidität der extrazellulären Matrix in Faszien, was für einen gesunden Stoffwechsel der Bindegewebszellen sorgt und für eine verbesserte Verschieblichkeit der Gewebsschichten. Außerdem steigert Wärme Zellteilung und damit die Reparaturmechanismen sämtlicher Gewebearten (siehe Kapitel zur Pathologie).

Übergewicht

Für viele Freizeitpferde steht das Thema Gewichtsreduktion mindestens unterschwellig, je nach Erkrankung sogar ganz direkt, auf der Agenda. Radikale Diäten sind dem Verdauungssystem und der Psyche des Pferdes in keinster Weise angemessen, und besonders wenn bereits Magenthemen bestehen, kann die Heumenge nicht einfach immer weiter gekürzt werden. Wenn jedoch Einschränkungen durch einen nicht voll belastbaren Bewegungsapparat vorliegen, kommt hartes Training deswegen nicht in Frage. Auch hier empfiehlt sich das Longieren der Basisübung in der Dauermethode in ruhigem Trab als idealer Kompromiss.
20 bis 40 Minuten in gleichmäßigem, gediegenem Trab sind einerseits ein moderates Bewegungsprogramm ohne Einbeinstützen, Sprünge und harte Belastungen der Beine, bringen das Pferd aber eben dennoch in einen Pulsbereich, der die Stoffwechselaktivität nennenswert erhöht.
Gelingt es durch technisch korrektes Longieren, dass das Pferd in Dehnungshaltung mit dem Maul etwa auf Buggelenkshöhe trabt, können die Rumpfträger optimal arbeiten und ihre Funktion als Stoßdämpfer für die Vorderbeine erfüllen. Das schont automatisch die unteren Gliedmaßen, die gerade bei zu schweren Pferden durch das eigene zu hohe Körpergewicht ständig überlastet werden. Eine Ausnahme können massiv übergewichtige oder dicke Pferde, die eben noch nicht auf gebogenen Linien traben dürfen, sein, die zunächst eher als Handpferd oder beim Spazierengehen in Kombination mit pferdegerechter Futterreduktion abspecken müssen.
Grundsätzlich ist zu überlegen, ob man deutlich übergewichtige Pferde überhaupt reiten sollte, denn immerhin mutet man nicht nur den Beinen, sondern auch der vom eigenen Bauchgewicht schon stark belasteten Wirbelsäule damit die menschlichen Kilo eben auch noch zu.
Mit Hilfe des Longierens kann man dagegen ohne zusätzliches Reitergewicht unter anderem die Bauchmuskeln so

Auf der Vorhand

Die »Verteilung der Last« auf Vor- und Hinterhand ist viel weniger von der Kopf-Hals-Haltung abhängig als vermutet: In einer groß angelegten Studie von 2006 wurde gemessen, dass die Ent- oder Belastung der Vorhand in verschiedenen Kopf-Hals-Positionen nur um maximal 2 Prozent (10 Kilogramm bei einem 500-Kilo-Pferd) schwankte – das ist verblüffend wenig, besonders wenn man bedenkt, dass das Gewicht des Reiters gewöhnlich bis zu 15 Prozent (75 Kilogramm bei einem 500-Kilo-Pferd) des Pferdegewichts ausmacht. Die positiven Effekte der Dehnungshaltung (physiologisch arbeitender Hauptrumpfträger und Stabilisation der Wirbelsäule) sind bedeutend größer als die messbare Umlastung von wenigen Kilos auf die Vorhand. Übrigens wird die Vorhand in Dehnungshaltung mit Reiter nur um 0,02 Prozent (100 Gramm, entspricht einer Tafel Schokolade) mehr belastet als in natürlicher, freier Kopf-Hals-Haltung ohne Reitergewicht.*

* siehe Studie von Weishaupt et al von der Uni Zürich und den Artikel in der Zeitschrift »ReitKultur« Nr. 3 von Dr. Katrin Kienapfel

weit kräftigen, dass die Lendenwirbelsäule geschont wird, während man gleichzeitig Kalorien verbrennt. Ideal ist ein Mix aus jedem zweiten Tag Longieren und an den Pausentagen dazwischen langen Spaziergängen geradeaus im Gelände oder zur Unterstützung zudem noch in der Führanlage.

Wann sollte man nicht longieren?

Eine Ausnahme können entsprechende Erkrankungen am Bewegungsapparat und insbesondere die Hufrehe sein. Je nach Verlauf des Rehegeschehens ist zumindest anfangs von Abspecken durch Bewegung abzusehen, das Gewicht sollte definitiv über rationiertes Raufutter sowie geeignete Hölzer reduziert werden.

Besprechen Sie mit Ihrem Tierarzt und dem Hufbearbeiter, ab wann und inwiefern Sie ein Rehepferd dann wieder trainieren dürfen.

Wenn der Tierarzt Longieren verbietet

Auch bei anderen Erkrankungen der Hufe oder distalen Gelenke wird häufig pauschal vom Longieren abgeraten. Das macht auch Sinn, wenn man unter Longieren versteht, dass das Pferd in zu hohem Tempo permanent im Kreis schleudert, denn die Belastungen dabei sind selbst für bislang gesunde Pferdebeine und nebenbei auch für die Halswirbelsäule und das Genick kritisch. Diese Belastungen minimieren wir jedoch in der Longieren

Ein gesundes Pferd bewegt sich gern.

als Dialog-Basisübung durch den ständigen Einbau gerader Linien.
Wenn ein Pferd aktuell nicht so viel auf gebogenen Linien unterwegs sein soll, kann man zum einen den Radius der Volten vergrößern und damit die Biegung verringern und extra lange Geraden zwischen den Volten longieren. Außerdem nutzen wir die Figur »großes Oval«, bei der sich ebenfalls Geraden und gebogene Linien abwechseln, aber in nochmals deutlich größerem Maßstab.
Aus unserer Sicht überwiegen in vielen Fällen die genannten Vorteile des Longierens gegenüber möglichen Nachteilen. Gerade an der Kappzaumlonge haben Pferd und Longenführer die Chance, die korrekte Biegung zu erlernen, und die an sich ist in einem vorsichtigen Maß auch nicht schädlich – im Gegensatz zu falsch verstandenen unphysiologischen Biegungsversuchen (genau erläutert im Buch »Biegung«). Wichtig ist, ein Pferd mit bekannten Befunden wirklich mit Verstand und Gefühl zu bewegen. Ist Ihr Pferd lahmfrei und freudig beim Longieren des großen Ovals, wird in den Volten aber taktunklar, bewegen Sie es eben erstmal weiter auf dem großen Oval. Ein Pferd mit Arthrosen in den Facettengelenken soll sich natürlich nicht in der Halswirbelsäule biegen, wenn es dabei Schmerzen hat, und wird das auch ohne einen gewissen Zwang nicht tun. Regelmäßige Verlaufskontrollen durch Therapeuten und Tierarzt sind wichtig!
Bitte beachten Sie immer den Grundsatz, dass nur in lahmfreien Gangarten trainiert

werden darf (siehe Seite 35). Nehmen Sie Taktstörungen genau wie Wehrigkeit und Bewegungsunlust zum Anlass, Ihre eigene Longiertechnik und Hilfengebung kritisch zu hinterfragen und einen qualifizierten Trainer zu Rate zu ziehen. Sind die Probleme nicht lösbar, ist es wiederum Zeit, erneut den Therapeuten oder Tierarzt zu konsultieren und diesem auch gerne explizit zu zeigen, wie das Pferd sich an der Longe bewegt.

Schenkelweichen

Die Basisübung in Schritt und Trab stellt ein grundsätzlich gutes Training dar und hilft wie gesagt gegen zahlreiche Probleme. Darüber hinaus kann man dann je nach Befund und Trainingsintention weitere Übungen auswählen und in die Longiereinheit integrieren.
Beim Schenkelweichen im Schritt kreuzt das Pferd abwechselnd seine Vorder- und Hinterbeine. Der lösende Effekt der Übung besteht in der Mobilisation sämtlicher Gelenke, insbesondere der Schulter- und Hüftgelenke. Diese sind in seitlicher Bewegungsrichtung (Abduktion und Außenrotation) bei vielen Pferden eingeschränkt, und zwar oft gar nicht, weil an dem jeweiligen Gelenk ein Problem bestünde, sondern häufig allein durch deren »Nichtgebrauch«. Wird das Pferd dazu animiert, sein volles Bewegungspotential (wieder) zu nutzen, verbessern sich infolgedessen auch Dehnungsbereitschaft und Rückentätigkeit.

Außerdem handelt es sich beim Schenkelweichen um Cross-koordinatives Training, wobei das Pferd seine eigene Körpermitte kreuzt. Damit einher gehen zahlreiche positive Effekte, zum Beispiel wird es dadurch weniger instinktgesteuert und schreckhaft reagieren und hat durch bessere Koordination auch in seinem Alltag ein geringeres Verletzungsrisiko, etwa beim Spielen auf dem Paddock.
Das Kreuzen der Beine hat außerdem über den *M. pectineus* einen positiven Effekt auf die Bauchmuskeln. Damit handelt es sich beim Schenkelweichen um eine sinnvolle erste Anregung der Bauchmuskulatur – auch für Pferde, die diese nicht im Galopp (siehe S. 116) trainieren können.

Der *M. pectineus* ist ein Adduktor (Heranzieher) des Oberschenkels.

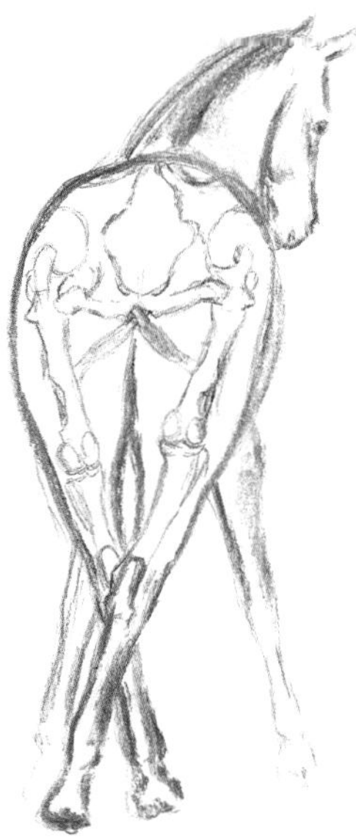

M. pectineus

Dieser Muskel ist ein Beuger des Hüftgelenks und ein Adduktor, also Heranzieher des Oberschenkels. Zusammen mit anderen Adduktoren ist er aktiv, wann immer das Pferd hinten »kreuzt«. Er hat durch seinen anatomischen Verlauf bemerkenswerte Special Effects: Die erste Besonderheit ist, dass er im Gegensatz zu anderen Muskeln die Körpermitte kreuzt. Er verläuft von der Oberschenkelknocheninnenseite zu einer Erhebung am Schambein der gegenüberliegenden Körperhälfte.
Seine Sehnenkreuzung, und das ist die zweite Besonderheit, bildet die *Tendo praepubcis*, also die Sehne vor dem Schambein – die Ansatzstelle für die Bauchmuskeln. Faszial ist der *M. pectineus* also eng mit der Bauchmuskulatur verknüpft. Wann immer er aktiv ist, »springen« die Bauchmuskeln an.

Je ruhiger das Tempo in jeglichen Seitwärtsbewegungen, desto weniger kritisch für die Gelenke. Gerade in der Trainingstherapie ist dem Pferd deswegen wirklich sein Wunschtempo zuzugestehen, und das kann je nach Vorerkrankung auch sehr langsam sein. Wichtig ist ein gleichmäßiger Rhythmus, aber man kann ja auch »in Zeitlupe« gleichmäßig seitwärts gehen. Dann ist die Übung im Schritt auch für sehr viele Pferde zu empfehlen und kann das Gangbild danach massiv verbessern.
Im Trab hingegen wirken deutlich mehr Scherkräfte auf die unteren Gelenke, deswegen ist das Kreuzen der Beine in dieser Gangart für erkrankte Pferde mit absoluter Vorsicht zu genießen.
Grundsätzliches Ziel ist es, dass das Pferd das Schenkelweichen zu beiden Seiten in gleicher Qualität auszuführen lernt. Ist ein Hinterbein eines Pferdes deutlich schwächer bemuskelt als das andere (achten Sie auf die Bemuskelung der Ober- und Unterschenkel, (etwa *M. tibialis cranialis*) im Seitenvergleich und befragen Sie bitte Ihren osteopathischen Pferdetherapeuten), dann kann es Sinn machen, das Schenkelweichen für einen Zeitraum von sechs Wochen doppelt so oft zu diesem Hinterbein hin ausführen zu lassen als zum anderen. Möchte ich also beispielsweise hinten rechts auftrainieren, geschieht das im Schenkelweichen von links nach rechts, denn besonders trainiert werden die Adduktoren des Stützbeins, auf dem in diesem Moment die Last des Pferdes ruht, nicht etwa das Hangbein, was viele Reiter fälschlich annehmen.
Nach sechs Wochen müsste sich die Ausführung deutlich verbessert haben. Kehren Sie dann unbedingt wieder zu gleichmäßiger Trainingsaufteilung nach rechts und links zurück, um keine ungünstigen

Das Übertretenlassen auf einer Volte ist eine besonders effiziente schenkelweichenartige Bewegung, weil die Hinterhand dabei den längeren Weg hat.

Kompensationen und Folgeprobleme durch Überlastung zu riskieren. Bleibt es dabei, dass ein Pferd das Schenkelweichen zu einer Seite deutlich schlechter ausführt oder ganz verweigert, dann liegt womöglich eine behandlungsbedürftige Beckenläsion und/oder eine Stützbeinlahmheit vor. Dann bitte nicht weiterüben, sondern abklären lassen.

Rückwärtsrichten

Auch beim Rückwärtsrichten handelt es sich um eine anspruchsvolle Übung der myofaszialen Koordination (vgl. *Gutes Training schützt das Pferd* von Barbara Welter-Böller und Maximilian Welter), die unter anderem dazu beiträgt, dass das Pferd insgesamt geschickter auf seinen eigenen Füßen wird. Besonders beim abwechselnden Schenkelweichen-Halten-Rückwärtsrichten-Halten-Schenkelweichen wird das Pferd in alle Richtungen mobilisiert und koordinativ gefordert. Das Rückwärtstreten mobilisiert außerdem den lumbosacralen Übergang (LSÜ). Haben Pferde hier Probleme, können sie ihre Hinterbeine nur schwer nach hinten setzen und gehen dann sehr zögerlich rückwärts. Wie immer in der Trainingstherapie gilt, dass dem Pferd sein eigenes Tempo zugestanden werden muss, auch wenn das ein sehr, sehr ruhiges Tempo ist. Stressen Sie das Pferd niemals mit hektischem »Rückwärtsscheuchen« und nutzen Sie die Übung keinesfalls als Strafe! Damit das Rückwärtsrichten seinen gymnastischen Zweck erfüllen und das Pferd es immer flüssiger und williger umsetzen kann, kommt es auf die korrekte Ausführung an: Das Rückwärtsrichten muss unbedingt »auf Linie« erfolgen, also dass das Pferd in sich geradeaus rückwärtsgeht und nicht zur Seite ausweicht. Nutzen Sie gegebenenfalls eine Bande der Reitbahn zur seitlichen Begrenzung. Bewährt hat sich auch die Arbeit mit zwei Schaumstoffgassen: Führen Sie das Pferd vorwärts zwischen zwei eher schmal gelegte Gassen (Abstand je nach Pferdegröße und -breite etwa 50 cm), halten Sie an und richten Sie das Pferd zwischen den seitlichen Begrenzungen rückwärts. Streift es mit seinen Hufen die Gassen, verhelfen ihm diese Sinneseindrücke zu einem besseren Gefühl für die eigenen (Hinter)beine.

Je nach Kruppenform und Trainingsintention kann man das Rückwärtsrichten auf verschiedene Arten einsetzen: Hat das Pferd eine sehr gerade Kruppe (»wie ein Tisch«, Ilium anterior, etwa durch schwache Bauchmuskeln) macht es Sinn, mehrere Tritte am Stück rückwärtszurichten, wobei die Tritte dabei immer kleiner werden dürfen und der Schweif sich Richtung Boden senken soll. Halten Sie zwischendurch an und richten Sie danach erneut weiter rückwärts, eventuell bis zu einer ganzen langen Seite der Reitbahn. Die korrekte Fußfolge im Rückwärtsrichten ist diagonal. Finden Sie heraus, auf welcher Kopf-Hals-Höhe und mit welcher Hilfengebung (genau beschrieben in *Longieren als Dialog*) Ihrem Pferd das am besten gelingt. Die meisten Fußfolgeprobleme in unserer Praxis lassen sich dadurch lösen, dass der Reiter oder Longenführer seine Hilfengebung verbessert. Fragen Sie im Zweifelsfall als erstes Ihren Ausbilder um Rat. Sollte ein Pferd hartnäckig im Schritt- oder gar Passtakt rückwärtsgehen, ist es ein Fall für einen guten Therapeuten.

Hat ein Pferd dagegen eine abgeschlagene Kruppe (»wie ein Dreieck«, Ilium posterior), dann sollte man keinesfalls noch so lange rückwärtsrichten, dass der Schweif immer tiefer kommt, sondern dann geht es darum, aus dem Rückwärts wieder anzutreten: Lösen Sie nur einen möglichst großen Schritt nach hinten aus, bei dem das jeweilige Hinterbein in einem großen Schritt wirklich hinter den Körper tritt. Lenken Sie diesen sofort wieder ins Vorwärts um, sodass das Pferd trainiert, sich in der hinteren Stützbeinphase vom Boden abzutreten.

Tritte verlängern

Beim Tritteverlängern geht es darum, dass das Pferd raumgreifendere Trabtritte macht, als es das zuvor getan hat oder auf seinem aktuellen Trainingsstand von sich aus tut. Entscheidend dabei ist, dass bei gleichbleibendem Takt die Tritte wirklich länger werden und nicht etwa eiliger, also nicht in ihrer Frequenz schneller.

Die Lektion Tritteverlängern fällt in den reiterlichen Ausbildungszusammenhang der Entwicklung der Schubkraft und

Kernpunkt des Tritteverlängerns ist der erweiterte Raumgriff.

trainiert insbesondere den *M. glutaeus medius*, aber natürlich auch weitere wichtige Muskeln der Hinterhand wie beispielsweise den *M. quadriceps femoris*, was in Bezug auf Kniethemen interessant sein kann.
Der Vorschub findet in dem Moment statt, in dem ein Hinterbein sich in der hinteren Stützbeinphase (siehe Foto) vom Boden abdrückt und den Pferdekörper damit wortwörtlich vor sich herschiebt. Macht ein Pferd immer nur abgekürzte Trabtritte, bei denen sich das Hinterbein naturgemäß eben nie hinter seinem eigenen Rumpf befindet, kann es diesen auch nicht vorwärtsschieben und entwickelt es auch überhaupt keine Schubkraft.
Beim Tritteverlängern geht es darum, die Schubkraft des Pferdes sanft zu wecken und das Bewegungsspektrum des

Hier leistet gerade das linke Hinterbein den Vorschub, in dem es sich aus der kaudalen Stützbeinphase vom Boden abdrückt und den Rumpf vor sich her bewegt.

Die oft missverstandene Schubkraft

Erst mit der der Ausbildung oder dem Wiedererlangen der Schubkraft wird die Hinterhand zu dem berühmten »Motor« der Pferdebewegung und aus der Schubkraft wird im Laufe der weiteren, dann fortgeschrittenen Ausbildung die Tragkraft entwickelt – es handelt sich also keineswegs um den Gegenspieler der Tragkraft, sondern um ihre Grundlage.
Im Rahmen der Trainingstherapie begegnen uns zu 99 Prozent Pferde, denen es an Schubkraft mangelt, und zwar entweder generell oder mit einem (ehemals verletzten, eingeschränkten oder schmerzhaften) Hinterbein, welches dann auch sichtlich schlechter bemuskelt ist als das andere.
Was passiert, wenn es an Schubkraft mangelt, das Pferd sich also nicht mit Kraft seiner Hinterbeine vorwärtsbewegt? Um sich vorwärtszubewegen, nutzt es dann anstatt des Vorschubs aus der Hinterhand bei jedem einzelnen Schritt die Vorhand, um sich mit Hilfe seiner Vorderbeine in die Bewegung und den jeweils nächsten Schritt zu »ziehen«. Dieses Ziehen oder auch Stemmen ist die Ursache für viele Erkrankungen und Überlastungen der Vorderbeine. Und zwar nicht etwa, weil die Vorhand zu viel »Gewicht« im Sinne von Kilos tragen würde, sondern weil sie sich zu sehr am Zustandekommen der Bewegung beteiligt, also sich aufgrund ihrer Tätigkeit überlastet! Es handelt sich hier um eines der wohl größten Missverständnisse der Reiterei.
Es gibt Reitweisen und -philosophien, die ausschließlich in verkürztem Gangmaß arbeiten und das Training der Schubkraft ablehnen. Auch verkürztes Gehen sorgt für wenig Ziehen mit den Vorderbeinen, weil das Pferd eben wenig Raum gewinnt. Bleibt man ein Pferdeleben lang vorwiegend in der Halle und praktiziert »Reitkunst« als Kunstform der natürlichen Bewegung, kann das – rein biomechanisch auseinanderphilosophiert – sogar gut gehen. Wir sind aber stark dafür, den Pferden langfristig unbedingt auch freie, raumgreifende Bewegung unter anderem im Gelände zu gönnen, allein für den Kopf, die Atmungsorgane und das Herz-Kreislauf-System. Und das ist ohne Schubkrafttraining weder sinnvoll, noch gesunderhaltend möglich.
Denn schiebt das rechte Hinterbein zu wenig, überlastet das das linke Vorderbein und vice versa. Die Zeche zahlt also immer das kontralaterale Vorderbein. Deswegen sind Überlastungsprobleme der Vorhand wie etwa Fesselträgerschäden, Hufrollenprobleme und Co. oft die Folge eines zu schwachen Hinterbeins oder insgesamt mangelnden Vorschubs aus der Hinterhand. Achtung: Nicht immer ist das Training schuld: Es kann auch eine chronische geringgradige Hinterhandlahmheit vorliegen.
Entsprechend schont man insgesamt die Vorhand, wenn man die Hinterhand tatsächlich als Bewegungsmotor trainiert, und man entlastet ein bestimmtes Vorderbein, wenn man das gegenüberliegende Hinterbein in die Arbeit nimmt.

Der zwanglose »Langhals-Kurztritt-Lösetrab« ist die ideale Voraussetzung, um das Tritteverlängern zu entwickeln. Die Frequenz sollte dabei gleich bleiben.

Pferdes in ganz vielen kleinen Tempounterschieden sukzessive zu erweitern und nach und nach die oben genannten Muskeln zu trainieren. Ziel dabei sind immer raumgreifendere Bewegungen mit ausgeprägten hinteren Stützbeinphasen, weil sich in eben diesem Moment des Bewegungsablaufes die wichtigen Muskelgruppen trainieren.

In der Praxis traben viele Rehapferde in sehr kurzen Trabtritten und schleifen die Hinterbeine augenscheinlich kraftlos mit sich. Bei manchen Pferden sieht man das sogar an den abgelaufenen Zehen der Hinterhufe. In den ersten paar Trabminuten ist dieser sogenannte »Langhals-Kurztritt-Lösetrab« (genauer erläutert in den Büchern »Longieren als Dialog« und »Dehnungshaltung«) auch erlaubt, wenn nicht gar erwünscht, um das Pferd beim zwanglosen Joggen gemütlich aufzuwärmen. Sobald das Pferd in seinem »Wohlfühltempo« taktmäßig trabt, lösen Sie zunächst auf einer geraden Linie (am einfachsten an der Bande entlang) ein erstes Verlängern der Tritte aus. Dazu erhöhen Sie Ihre Körperspannung, schnalzen rhythmisch auf beide abfußenden Hinterbeine und setzen einen treibenden Impuls mit der Peitsche, wobei der Peitschenschlag (also die Schnur) von hinten so um die Hinterbeine fliegen sollte, dass er ggf. sogar eine Hinterröhre touchiert, die sich gerade in der hinteren Stützbeinphase befindet. Reagiert das Pferd auf diese treibende Hilfe, in dem es auch nur ein winziges bisschen zulegt, setzen Sie den Reiz sofort aus. Hören Sie auf zu schnalzen, lassen Sie Ihre Oberarme geschlossen am Oberkörper herunterhängen und halten Sie die Peitsche wieder ruhig neben das Hinterbein des Pferdes. Die gesamte Hilfengebung wird genauer im Buch »Longieren als Dialog« erläutert und den dazugehörigen Onlinekursen gezeigt. Nach wenigen verlängerten Trabtritten verebbt der Impuls und das Pferd fällt wieder zurück in sein Wohlfühltempo. Nachdem es in diesem einige Tritte zwanglos vor sich hin traben durfte, lösen Sie wie beschrieben ein erneutes Tritteverlängern aus.

Rennen ist keine Schubkraft

Ziel ist, in jeder Trainingseinheit ganz viele Tempounterschiede zu longieren, sodass das Pferd immer wieder erneut das Zulegen trainiert. Für jede erwünschte Reaktion setzen Sie die Hilfen wieder aus und schlagen damit zwei Fliegen mit einer Klappe: Zum einen erhält das Pferd lernpsychologisch betrachtet jedes Mal die Information, dass das Zulegen richtig war. Zum anderen ist durch das beschriebene Vorgehen die Chance gut, dass das Pferd die Tritte von Wiederholung zu Wiederholung wirklich verlängert, anstatt sich von ununterbrochenem Treiben fälschlicherweise in schnelle, eilige und

Achtung, »kurz-lang«!

Bei Rehapferden kann es vorkommen, dass diese augenscheinlich lahmfrei traben, solange man sie dies in ihrem Wohlfühltempo und kurzen Trabtritten tun lässt. Möchte man die Tritte zu forciert verlängern, wird manchmal auffällig, dass das Pferd nur mit einem Hinterbein verlängert und das kranke oder ehemals kranke Bein bei seinem eingeschränkten Raumgriff bleibt, das Pferd also hinten »kurz-lang« geht. Legen Sie dann bitte unbedingt nur so wenig zu, wie es auch das schwache Hinterbein noch schafft, also verlängern Sie die Tritte ganz häufig, aber nur um ganz wenige Zentimeter, sodass der Takt unbedingt erhalten bleibt. Ist die Erkrankung wirklich ausgeheilt, müssten sich die Tritte bei korrekter Hilfengebung (bitte von einem versierten Longiertrainer überprüfen lassen!) dann quasi Zentimeter für Zentimeter gleichmäßig verlängern lassen und das »Kurz-lang«-Treten nach acht Wochen klug aufgebautem Training verschwunden sein. Oft zeigt uns dieses Gangbild aber an, dass das Pferd eben doch noch ein weiteres, eventuell unerkanntes oder eben noch nicht ausgeheiltes Problem hat. Lassen Sie beispielsweise die Fesselträger hinten ggf. ein weiteres Mal im Ultraschall kontrollieren und unbedingt auch mit dem anderen Bein vergleichen!

dabei aber eben oft sogar kürzere, hektische Tritte gescheucht zu fühlen. **Rennen** ist nicht Schub! Passiert Ihnen das, hören Sie also erstmal wieder auf zu treiben, lassen das Pferd in sein gediegenes Wohlfühltempo zurückfallen und lösen danach das Zulegen so sanft wie möglich erneut aus. Das Pferd muss unbedingt in seiner gediegenen Frequenz bleiben, und es genügt zu Beginn, wenn die Trabtritte nur drei Zentimeter größer werden. Über viele Wiederholungen pro Einheit und über einen Zeitraum von acht Wochen wird es auch möglich werden, die Tritte dann nach und nach um 30 Zentimeter zu verlängern.
Wenn im Tritteverlängern im Trab Probleme auftauchen, das Pferd im Schritt aber lahmfrei ist, können Sie das Zulegen alternativ oder einfach als Vorbereitung auch im Schritt üben. Die Hilfengebung funktioniert genauso. Die Kunst ist, dass das Pferd wirklich längere Schritte (mit hinterer Stützbeinphase und physiologischer Nickbewegung des Halses in Richtung vorwärts-abwärts) macht und nicht etwa stattdessen einfach antrabt. Treiben Sie also ganz dosiert und wählen Sie unverwechselbare Signale für die verschiedenen Gangarten, die Sie in Ihrer Hilfengebung selbst konsequent sauber trennen.

Schubkraft eines Beines gezielt trainieren

Auf gebogener Linie haben die beiden äußeren Beine den längeren Weg. Lässt man das Pferd also beispielsweise auf dem Zirkel linker Hand die Tritte verlängern, trainiert man so vermehrt die Schubkraft des rechten Hinterbeins.

In der Basisübung bietet es sich an, die Tritte jeweils an den Geraden mit äußerer Begrenzung durch die Bande zu verlängern und das Tempo in den Volten wieder aufzunehmen. Hier ist die Anlehnung noch nicht konstant.

Gibt es Pferde mit »zu viel Schubkraft«?

Grundsätzlich kann es im Wortsinn kein »Zuviel« an echter Schubkraft geben. Es gibt jedoch Pferde, die insgesamt zu eilig, in hölzernen Bewegungen über Tempo, ohne jede Spur von Losgelassenheit sprichwörtlich in den Boden rennen. Das ist dann schlechte Reiterei oder auch schlechtes Longieren, dem womöglich eine falsche Vorstellung von Schub zugrundeliegt, hat aber mit wahrer Schubkraft im Sinne der klassischen Ausbildung überhaupt nichts gemeinsam.

Wohl aber gibt es im Laufe der klassischen Ausbildung den Zeitpunkt, an dem die vorab trainierte Schubkraft dann sukzessive in Tragkraft umgewandelt werden kann und eben auch muss, damit versammelte Lektionen möglich werden und die damit verbundene Kadenz entsteht. Insofern kann ein Pferd zum Beispiel in einem Moment zu sehr schieben, sodass der Übergang vom Starken in den versammelten Trab nicht durchlässig gelingt und man halt bloß im Arbeitstrab landet.

Außerdem gibt es Pferde, die aufgrund ihres Exterieurs und ihrer Bewegungsmechanik von Haus aus schon so schön schieben, dass Sie tatsächlich über einen vergleichsweise übermäßig trainierten Kruppenmuskel verfügen. Mit diesen Pferden können dann tatsächlich eher früher einmal versammelnde Übungen in das Training eingebaut werden, aber auch diesen Pferden darf das Schieben keinesfalls ganz »verboten« werden, denn ohne echte Schubkraft eben auch keine echte Tragkraft und keine echte Versammlung.

Eine Faustregel lautet, dass man immer ausgleichend trainieren sollte: Kann Ihr Pferd schon Schulterherein oder gar alle Seitengänge, legt aber nicht sauber über den Rücken zu? Dann fokussieren Sie das Tritteverlängern und entwickeln einen sauberen Mitteltrab, bevor Sie es noch weiter versammeln. KannIhr Pferd dagegen kilometerlang Tritteverlängern, ist aber schwierig zu parieren und zu wenden? Dann wird es Zeit für vermehrte Biegungen und die Entwicklung des Schulterhereins, mindestens des Schultervors. Bitte sprechen Sie unbedingt mit einem versierten Ausbilder, wie er die angesprochenen Lektionen bei Ihrem Pferd einschätzt und wo das Entwicklungspotential liegt.

Gelingt das sauber auf Linie, ohne dass das Pferd nach innen oder außen schwankt, und sauber im Takt, handelt es sich um eine gute Möglichkeit, gezielt etwas für ein Hinterbein zu tun. Möchten Sie beispielsweise hinten rechts vermehrt trainieren, dann lösen Sie auf der linken Hand das Zulegen immer auf einer geraden Linie aus, wobei beide Hinterbeine gleichmäßig schieben müssen, und verlegen Sie die Übung auf der linken Hand eben auf gebogene Linie, damit das äußere, rechte Hinterbein besonders beansprucht wird und in Folge dessen auch einen besonders großen Muskelzuwachs erfahren wird.

Aber Achtung! Ist ein Pferd noch nicht weit ausgebildet und/oder deutlich schief, dann wird das Tritteverlängern auf gebogener Linie auch nicht gelingen können. Wenn das Pferd bei dem Versuch des Tritteverlängerns nach außen wegdriftet, im Halsansatz abknickt, sich verwirft oder Taktfehler macht, dann trainieren Sie das Tritteverlängern bitte zunächst ausschließlich an einer äußeren Begrenzung, also zum Beispiel am Reitplatzzaun entlang, damit das Pferd wirklich sauber vorwärts reagiert und nicht ausweichen kann. Durch »schlechte Versuche« erlernt das Pferd nämlich im klassischen Sinne völlig falsches Verhalten und trainiert seinen Körper dabei in eine immer stärkere Schiefensituation hinein.

Reisegalopp

Das Galoppieren bietet trainingsphysiologisch einige Vor- und Nachteile. Insbesondere in der Trainingstherapie muss man also bewusst abwägen, wie viel Galopp dem Pferd guttut. Die Gefahr liegt nämlich in den Einbeinstützen und im Tempo, das mit hohen Beschleunigungskräften einhergeht: Anders als im Schritt und Trab muss das Pferd im Laufe eines Galoppsprungs sein gesamtes Körpergewicht nämlich mit nur einem Bein (dem äußeren Hinterbein) vorschieben und es danach mitsamt gehöriger Beschleunigungskräfte auf nur einem Bein (dem inneren Vorderbein) nach der Schwebephase wieder abfangen. Liegen Probleme in den Vorderbeinen vor und/oder ist der Rumpftrageapparat noch nicht ausreichend trainiert, dann ist der Galopp für das innere Vorderbein stark belastend und verschleißend und sollte entweder gar nicht, oder allenfalls ganz dosiert zum Lösen ein bis zwei Runden pro Hand eingesetzt werden.

Dabei bietet sich an der Longe die Figur »großes Oval« (Skizze siehe S. 66) an, denn dabei galoppiert das Pferd eben nicht dauerhaft auf gebogener Linie, sondern immer wieder geradeaus.

Denselben Vorteil bietet der Galopp im Gelände als Handpferd oder unter einem leichten Reiter.

Warum ist es entlastend, das Pferd nicht zu biegen? Auf gebogenen Linien im hohen Tempo werden besonders die Gelenke der Außenseite stärker belastet, sodass es zu Problemen kommen kann. (Logan et al, 2021)

Ein solches »nicht dressurmäßiges«, also eben auch nicht versammeltes, Galoppieren wird von Udo Bürger (in »Der Reiter formt das Pferd«) als Reisegalopp bezeichnet. Dabei darf das Pferd in seiner natürlichen Haltung, also mit einem langen, eher geraden Hals und der Stirn-Nasenlinie deutlich vor der Senkrechten einfach in seinem ganz natürlichen Bewegungsablauf ökonomisch vor sich hin galoppieren. Das Tempo soll bei

Im sogenannten Reisegalopp trägt das Pferd seinen Hals völlig frei und die Stirn-Nasenlinie deutlich vor der Senkrechten.

klarem Dreitakt so ruhig wie möglich sein, ohne aktiv zu bremsen, was ja wiederum die Halshaltung und den Takt stören würde und dann so lange wie möglich gleichmäßig durchgehalten werden. Ein solcher Galopp bietet für das gesunde Pferdetraining zahlreiche Vorteile, auch wenn er aus Dressurreitersicht »nach nicht viel aussieht«: Zum einen stellt jeder einzelne Galoppsprung ein effizientes Bauchmuskeltraining dar und dient dadurch der Rückengesundheit. Jeder einzelne Galoppsprung »wölbt den Rücken auf« und löst dadurch unter anderem den lumbosakralen Übergang (LSÜ) und mobilisiert in physiologischem Rahmen den iliosakralen Bereich. Rhythmisches Galoppieren unterstützt die Atmung des Pferdes: Synchronisieren sich nach wenigen Minuten Atem- und Laufrhythmus, dann atmet das Pferd bei jedem Galoppsprung und bewegt dabei unter anderem das Zwerchfell, was oft am Abschnauben erkennbar wird. Die Atemorgane werden in zwangloser Galoppbewegung optimal belüftet und reinigen sich sozusagen selbst. Jeglichen Atemwegserkrankungen wird so vorgebeugt oder bei bestehender Verschleimung kann sich diese lösen und

Im freien Galopp reinigen sich die Atemwege des Pferdes.

abgehustet werden. Dazu ist es nötig, dass der Pferdehals nicht aufgerichtet wird, sondern sich das Maul etwa auf Buggelenkshöhe befindet und das Pferd außerdem auch nicht beigezäumt wird, also die Stirn-Nasenlinie sich vor der Senkrechten befindet.
Ein wichtiger Faktor ist dabei die Galoppdauer: Prinzipiell ist der Reisegalopp auf eine lange Dauer in ruhigem Tempo ausgelegt. Möglichst lange Galoppsprünge ohne jede Hektik wären optimal. Für ein orthopädisch gesundes und vorab über mehrere Monate gezieltes Trabtraining vorbereitetes Warmblutpferd sind 20 Minuten optimal, wobei alle zwei Minuten zwischen Rechts- und Linksgalopp gewechselt werden sollte. Das geht ideal auf ebenem, griffigem Boden im Gelände, woher auch der Name Reisegalopp stammt: Galoppieren Sie so, als wollten Sie heute noch irgendwo ankommen, aber nicht als wären Sie auf der Flucht.
Für nicht ganz gesunde Pferde, viele Spezialrassen oder Pferde, die eben gerade erst wieder aufgebaut werden sollen, sind 20 Minuten Galopp utopisch. Beginnen Sie mit zwei Minuten pro Hand. Das geht dann auch nicht nur im Gelände, sondern auch an der Longe. Schauen Sie auf die Uhr, denn selbst zwei Minuten können untrainierten Pferden und untrainierten Longenführern lange vorkommen.
Sobald das Galoppieren einem Pferd möglich ist (bitte konkret mit Ihrem Tierarzt und osteopathischen Pferdetherapeuten abklären), sollte man es spätestens jeden dritten, besser jeden zweiten Tag auch tun, denn selbst wenn es in jeder Trainingseinheit nur zwei Runden Rechtsgalopp und zwei Runden Linksgalopp sind, geht es beispielsweise dem Kreuzdarmbeingelenk (ISG) und dem LSÜ Ihres Pferdes danach meist besser als zuvor und die Bauchmuskeln haben zumindest einen kleinen Trainingsreiz gehabt, die Atemwege wurden mindestens ansatzweise kurz »benutzt«.
Dabei macht wie immer die Dosis das Gift: Das beschriebene zwanglose Galoppieren ist nicht zu vergleichen mit einem Renngalopp den Hang hinauf hinter den Stallkollegen her oder versammelter

Schweifkreise

Ist aus orthopädischen Gründen gerade kein Galopp möglich, kann man Kreuzbein, ISG und LSÜ sanft über den Schweif erreichen und vorsichtig mobilisieren. Die Schweifarbeit aus dem Tellington-Training ist hier sehr sinnvoll.
Nehmen Sie sanft Kontakt zur Schweifrübe des Pferdes auf und halten Sie den Schweif, bis das Pferd ihn Ihnen spannungsfrei »anvertraut«. Warten Sie ein paar Atemzüge und üben Sie dann einen ganz sanften Zug aus. Viele Pferde genießen das bereits und lehnen sich extra in den Zug.
Wichtig: Nicht Sie verstärken den Zug, das Pferd tut es! Halten Sie den vom Pferd gewünschten Zug und bewegen Sie Ihre Hände und damit den Schweif in Form eines imaginären Unendlichkeitszeichens (liegende Acht). Oft geht das zu einer Seite besser als zur anderen oder nach oben besser als nach unten. Kreisen Sie in ruhigem Rhythmus, bis alle Seiten und Richtungen gleich gut gehen. Brechen Sie die Übung ab, wenn Ihr Pferd Abwehrreaktionen zeigt und fragen Sie Ihren Therapeuten!

Sanfte Schweifarbeit kann bei Galoppproblemen helfen.

Arbeit wie etwa Galopppirouetten und Galopptraversalen, die für ein Rehapferd natürlich vorerst außer Frage stehen.

Übersteigen eines Cavalettos

Das Überschreiten einer erhöhten Stange bietet viele Vorteile. Zum einen ist es eine wichtige Vorbereitung für das Cavalettitraining (dann mit mehreren Stangen und in höheren Gangarten, siehe S. 123), zum anderen mobilisiert auch das einzelne Cavaletto bereits alle großen Gelenke des Pferdes. Unserer Erfahrung nach sind sehr viele gerittene Pferde in der Beweglichkeit ihrer Schultergelenke und ihres Schulterblatts eingeschränkt. Kompensiert ein Pferd fehlenden Schub aus einem Hinterbein mit der kontralateralen Stemm-Muskulatur (breiter Rückenmuskel *(M. latissimus dorsi)* und tiefer Brustmuskel *(M. pectoralis profundus)*), führt das

M. latissimus dorsi

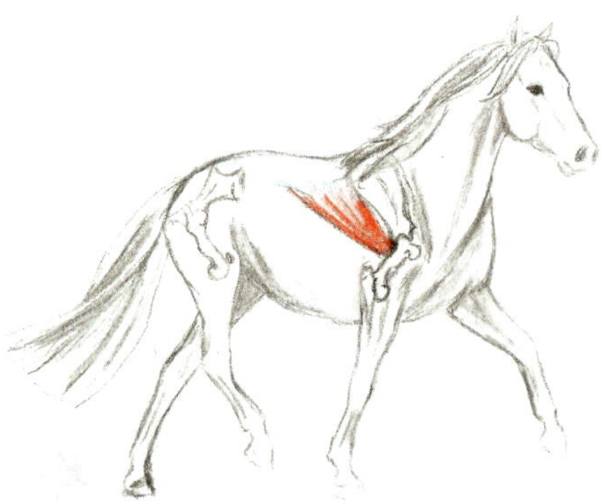

sehr häufig zu einer eingeschränkten Abduktion, Außenrotation und, besonders in Kombination mit einem klemmenden Kopfeisen, zu einem verminderten Schulterblattgleiten. Gleitet das Schulterblatt schlechter nach hinten (was bei rückständigen Pferden mit hypertonem breitem Rückenmuskel der Fall ist), fällt es Pferden oft augenscheinlich schwerer, den Vorderfuß vom Boden zu bekommen. Pferde mit Knie- und Sprunggelenksthemen bewegen sich oft mit möglichst geradem Hinterbein, ohne die genannten Gelenke zu beugen. Besteht ein akutes Problem, macht das auch Sinn, etwa für den Zeitraum einer akuten Entzündung. Leider entstehen in deren Folge oder schon allein durch hypertone Hosenmuskeln (siehe Abschnitt zum Spat) allzu oft Probleme in Folge des Nichtgebrauchs von Gelenken. Bleibt ein Pferd über Monate oder gar Jahre bei einem Bewegungsmuster, was die Beugung der großen Gelenke umgeht, sind handfeste Bewegungseinschränkungen sowie Folgeprobleme vorprogrammiert.
Sobald ein Pferd also zumindest im Schritt schmerzfrei ist, macht es im Rahmen der Trainingstherapie Sinn, den Bewegungsspielraum der genannten Gelenke wieder zu erwecken und nach und nach auch wieder wirklich in vollem Umfang zu nutzen.

Erste Schritte hin zum sinnvollen Stangentraining

Führen Sie es dazu auf gerader Linie zunächst über eine am Boden liegende

Überschreiten höher gelegter Stangen wirkt mobilisierend für die großen Gelenke der Gliedmaßen.

Stange. Diese sollte so schwer wie möglich, gegen Wegrollen gesichert und splitterfest sein. Lassen Sie das Pferd mit möglichst tiefem Kopf die Stange beäugen und beschnuppern und in ruhigem Schritt wirklich bewusst über die Stange steigen. Fördern Sie seine Koordination, indem Sie direkt vor der Stange anhalten, dann die Vorderbeine über die Stange steigen lassen und wieder anhalten. Geben Sie dem Pferd Zeit, sich mit der Stange »unterm Bauch« zu entspannen und führen Sie es danach geradeaus wieder an, sodass es auch mit den Hinterbeinen über die Stange steigt. Üben Sie das mehrfach und von beiden Seiten. Wenn das Pferd die Stange streift, ist das kein »Fehler«, sondern hilft ihm, seine Koordination zu verbessern. Letztlich können Sie auch einzelne Beine über die Stange vor- und zurücksetzen lassen. In unserer Bilderserie erarbeitet Katharina das gerade mittels positiver Bestärkung (Markertraining und Futterbelohnung).

Wenn das Pferd bei einer Bodenstange entspannt bleibt, erhöhen Sie die Stange um zunächst etwa 15 Zentimeter und führen das Pferd wieder auf gerader Linie in gleichmäßig ruhigem Schritt über das kleine Cavaletto. Dabei muss es nun sein Schulterblatt vermehrt gleiten lassen sowie seine Sprung-, Knie- und Hüftgelenke etwas mehr beugen und strecken.

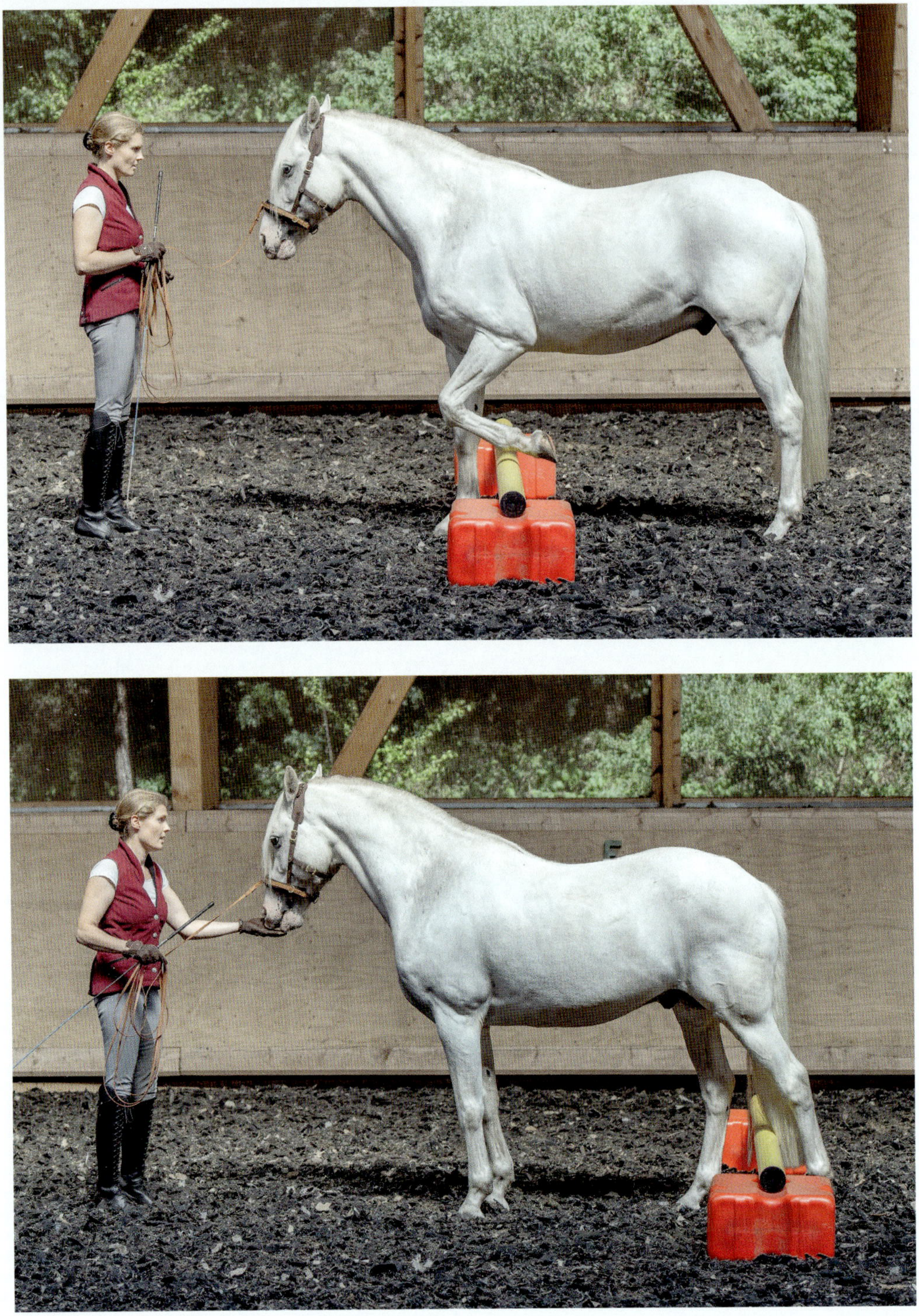

Das bewusste Übersteigen der Stange mit einzelnen Beinen schult ganz hervorragend die Koordination sowie die Kommunikation mit dem Menschen.

Auch dabei können Sie wieder das Anhalten und Übersteigen mit einzelnen Beinen hinzunehmen. Die maximale Höhe des Schritt-Cavalettos ist die Sprunggelenkshöhe des Pferdes. Höhere Hindernisse müsste es mit unphysiologischen Bewegungen und untaktmäßig überklettern, welche mehr schaden als nutzen können. Gerade Pferde, die sich mit Stangen nicht von Haus aus geschickt anstellen, können von diesen Übungen massiv profitieren. Ausschlaggebend für eine Verbesserung der Koordination ist die Übungshäufigkeit: Bauen Sie in jede einzelne Übungseinheit eine Stange ein, sodass das Pferd gerne täglich, mindestens jedoch dreimal pro Woche, in irgendeiner Weise über ein kleines Cavaletto steigen muss. Nach vier Wochen mit vielen kleinen Wiederholungen sollte das Pferd seine myofasziale Koordination und seine Beweglichkeit insoweit verbessert haben, dass seine Schrittlänge und -höhe planen kann und in Folge dessen deutlich weniger anstößt, sondern so taktmäßig über die Stange steigt, als wäre sie gar nicht da. Korrekt gemacht sorgt die Übung für eine Verbesserung der Losgelassenheit, also für raumgreifende Schritte nach der Stange mit physiologischer Nickbewegung, Rücken- und Beckentätigkeit.

Achtung: Leidet der Schritttakt nach dem Übersteigen der Stange, also beginnt das Pferd etwa passartig zu gehen, kürzer zu treten oder gar eine asymmetrische Nickbewegung zu zeigen, stellen Sie es bitte einem Tierarzt vor. Vielleicht gibt es ein akutes Problem.

Cavalettitraining

»Cavalettitraining« wird im Rehabereich unseres Erachtens viel zu oft pauschal empfohlen, denn je nach Aufbau, Gangart, Höhe und der Art, wie das Pferd die Stangen überwindet, kann Cavalettitraining auch nachhaltig schaden. Entscheidend ist wie so oft die Vorbereitung, deswegen empfehlen wir immer zunächst die Arbeit mit nur einer einzelnen Stange, wie im letzten Kapitel beschrieben. Erst wenn das Pferd sich dabei wie erläutert wirklich gut koordinieren kann und dabei auch mit fallengelassenem Hals und völlig zwanglos im Schritt darüber gehen kann, macht es Sinn, mehrere Stangen zu nutzen.

Auch das beginnen wir zunächst im Schritt. In der schwunglosen Gangart ohne Schwebephase ist die Belastung der Pferdebeine gering, deswegen ist die Cavalettiarbeit im Schritt auch für Pferde mit Problemen am Hufrollenapparat, Sehnen- und Fesselträgererkrankungen (aber erst nach der Entzündungsphase, also wenn die Pferde schmerzfrei gehen können und das Bein kontrolliert im

Freebie zum Stangenfächer:

https://delightful-riding.de/s/OsteoDressage/pferd-stangenfaecher

Schritt belasten sollen), mit ausgeheilter Hufrehe und so weiter möglich. Grundsätzlich kann man sagen, dass bei Pferden, die im Schritt lahmfrei gehen, die Arbeit mit niedrigen und passend aufgestellten Schrittcavaletti mehr nutzt als sie schaden kann, also grundsätzlich zu empfehlen ist.

Bauen Sie vier Bodenstangen im Abstand von etwa 80 Zentimetern für Warmblutpferde (für Ponys und Spezialrassen unter Umständen etwas weniger) zunächst auf gerader Linie auf. Am einfachsten ist es an der Bande. Wählen Sie den Abstand zunächst so, dass das Pferd bequem »in jede Lücke einen Fuß« setzen kann, die Stangen also taktmäßig überschreiten kann, ohne sich übermäßig anstrengen zu müssen. Überwinden Sie mit Ihrem Pferd geführt oder longiert unbedingt die Mitte der Stangen. Aufgrund individueller Schiefen schwanken viele Pferde zur Seite, was die Übung dann aber ineffizient macht. Bauen Sie gegebenenfalls eine Gasse aus zwei Schaumstoffschläuchen oder mehreren Pylonentoren zur seitlichen Begrenzung und üben Sie das gerade Überwinden. Auch vor und nach dem Hindernis bitte noch jeweils drei Meter geradeaus gehen.

Nach einigen Wiederholungen können Sie die Stangen leicht erhöhen (zunächst um 10 bis 15 Zentimeter) oder die Abstände um etwa fünf und später bis zu 10 Zen-

Typische Fehlerquellen im Zusammenhang mit Cavaletti

Beginnen Sie in jeder Einheit immer niedrig und nahezu übertrieben einfach – auch wenn Ihr Pferd das doch eigentlich schon kann. So kann das Pferd sich erstens aufwärmen, aber auch immer wieder neu mit und über Stangen entspannen. Nur wenn es die Übung mit entspannter Oberlinie und völlig gelassen ausführt, sinkt das Verletzungsrisiko und wir haben die Voraussetzung für effizientes Training geschaffen. Setzt man dagegen zu viel voraus und das Pferd wird hektisch, macht Taktfehler oder tut sich weh, bilden sich körperlich und mental falsche Verknüpfungen aus, die den Weg zu gutem Training nachhaltig verbauen können.

Steigern Sie dann aber auch in jeder Einheit das Niveau dahingehend, dass die Übung für das Pferd wirklich in Training ausartet und ihm bei seiner körperlichen Entwicklung weiterhilft. Das schaffen Sie über Dauer und Anzahl der Wiederholungen (man kann nicht nur fünf Mal über die Cavalettireihe gehen, sondern auch 50 Mal), zum anderen über die Höhe und Weite der Stangen (sodass das Pferd ganz sachte aus seinem gewohnten Bewegungsmuster herausgeholt wird und nicht trotz Stangen weiter so eingeschränkt herumläuft »wie immer«).

timeter erweitern. Je nach Aufbauart trainieren Sie dabei vermehrt die Beugung von Schulter-, Knie- und Sprunggelenk (Fokus auf die Höhe, maximal Sprunggelenkshöhe des jeweiligen Pferdes) oder erweitern den Raumgriff für vermehrte Schubentwicklung (Fokus auf weitere Abstände). Vielen Pferden hilft eigentlich beides, trainieren Sie also gerne an einem Tag auf Höhe, am übernächsten auf Weite. Motorische Entwicklung lebt von Varianten. Bauen Sie die Stangen jedes Mal an anderer Stelle Ihres Reitplatzes auf, legen Sie sie mal wechselseitig erhöht (wie im Foto auf S. 127), bauen Sie verschiedene »Tore« zur Wegmarkierung mit ein, nutzen Sie verschiedene Materialien (also beispielsweise auch mal Schaumstoffgassen statt Stangen). Ideal sind zudem ganz niedrige Baumstämme bzw. große Äste, die schwer und stabil zum Beispiel auf einer Koppel liegen und entweder in passenden Abständen oder einfach einzeln überschritten werden können.

Trabcavaletti

Im Trab lassen sich Cavaletti hervorragend dazu einsetzen, den Raumgriff des Pferdes zu verbessern und die Idee der gleichmäßigen Schubkraft aus beiden Hinterbeinen im Pferd zu wecken sowie damit oft einhergehend überhaupt einen korrekten Trabablauf mit einer Schwebephase wieder herzustellen. Wie wir wissen, ist das für viele ehemals verletzte Pferde ein wichtiges Thema zur Prävention weiterer Erkrankungen oder Rückfälle. Das Überwinden von Trabstangen sorgt jedoch dafür, dass die Pferdebeine nach der Schwebephase aus größerer Höhe wieder auf den Boden prallen.

Beginnen Sie mit niedrigen Trabstangen und nutzen Sie zunächst die Begrenzung durch die Bande.

Das kann aber beispielsweise bei Gelenkerkrankungen, Strahlbeinproblemen etc. kontraproduktiv sein. Fragen Sie Tierarzt und Therapeut und insbesondere Ihr Pferd! Verbessert sich der Trab innerhalb oder spätestens nach einigen Einheiten Cavalettiarbeit? Super! Wird Ihr Pferd eher klammer, »fühliger« oder hektischer, ist der Trainingsaufbau ungünstig oder das Training sogar schmerzhaft und eben (noch) nicht für das jeweilige Thema geeignet.

Ein wirklich guter, nicht zu tiefer, ebener und federnder Reitboden ist für Cavalettiarbeit Gold wert. Beginnen Sie auf jeden Fall auch im Trab immer mit Bodenstangen und nehmen Sie erst nach einigen Wochen Erhöhungen dazu, wenn Ihr Pferd beim Training mit niedrigen Stangen zunehmend besser und auch über mehrere Wochen stabil läuft.

Voraussetzung für die Arbeit mit Trabstangen ist grundsätzlich, dass das Pferd Schrittstangen in mehreren Varianten kennt und diese im Idealfall in mindestens den letzten zwei, besser vier Wochen in möglichst häufigen Trainingseinheiten überwunden hat. Legen Sie in jeder Einheit gerne einmal Stangen im Schrittabstand zum Aufwärmen, um das gelassene Überwinden immer wieder zu wiederholen und an anderer Stelle dann Trabstangen für die Arbeitsphase aus. Wählen Sie auch dabei zunächst für das Pferd bequem passende Abstände (1,20–1,50 Meter) und machen Sie das erste Training im Idealfall einfach mit Ihrem Ausbilder, der aufgrund seiner langjährigen Erfahrung und seines Auges passende Abstände wählt, die Sie sich anschließend für weiteres selbständiges Training abmessen können.

Lassen Sie Ihr Pferd vor dem ersten Überwinden unbedingt auf jeder Hand etwa fünf Minuten an den Stangen vorbeitraben, um Takt, Losgelassenheit und Anlehnung an die Longe abzusichern. Erst wenn diese drei Kriterien hinreichend gegeben sind, kann die Arbeit mit Trabstangen Gewinn bringen. Stellen Sie fest, dass das Pferd an diesem Tag nicht ganz sauber im Takt ist oder Sie noch oder gerade keine wirklich konstante Anlehnung haben, sondern die Longe immer wieder durchhängt oder das Pferd Sie nach außen zieht, dann verzichten Sie auf die Trabstangen und üben beispielsweise mit Hilfe der Basisübung (siehe S. 97) zunächst die Grundlagen. Wenn diese wirklich sitzen und das Pferd im Schritt vorbereitet wurde, wird es die Stangen physiologisch überwinden.

Sammeln Sie bitte keine »schlechten Wiederholungen«, bei denen das Pferd an den Stangen vorbeirennt, darüber springt, sich in der Oberlinie festhält, zum Schritt ausfällt oder Ähnliches, sondern nehmen Sie stattdessen gemeinsam mit Ihrem Pferd guten Unterricht in Anspruch!

Sobald das Pferd die bequemen Abstände aber losgelassen überwindet, können Sie diese um etwa fünf Zentimeter erweitern und damit länge Trabtritte mit einer hinteren Stützbeinphase provozieren, die viele Rehapferde von sich aus nicht (mehr) zeigen würden. Dabei

Im nächsten Schritt können die Trabstangen zum Beispiel wechselseitig leicht erhöht werden.

können Sie auch das Zulegen und damit die korrekte Reaktion auf Ihre treibenden Hilfen üben: In Anbetracht der Stangen wird das so vorbereitete Pferd nämlich realisieren, dass es auf die treibenden Hilfen hin größere Trabtritte machen soll, anstatt kurzer schneller Trippeltritte, denn dafür passen die Abstände dann nämlich eben nicht. Das Verlängern der Tritte bei gleichmäßig (ruhigem) Rhythmus ist eine ganz wichtige Kernkompetenz, nicht nur für die weitere dressurmäßige Ausbildung, sondern eben vor allem für die gesunderhaltende Bewegung. Korrekter, gesunder Schub »über den Rücken« hat nichts mit eiligem Hetzen zu tun! In der Praxis reagieren aber gerade eingeschränkte oder falsch grundausgebildete Pferde auf jedes Treiben mit Losrennen oder gar mit Klemmen und man würde ohne Stangen nur weitere falsche Wiederholungen sammeln. Durch das Training mit den Bodenricks konzentriert sich das Pferd endlich auf den korrekten, weiten Bewegungsablauf. Der Longenführer muss oft gar nicht mehr so massiv treiben und wird eben auch nicht als Feind angesehen, den es abzuwehren gilt, sondern tatsächlich als der nette Partner im Bewegungsdialog, dessen Hilfen einem wirklich helfen, die Stangen taktmäßig zu schaffen.

Cavalettitraining im Galopp fällt aufgrund der höheren Bodenreaktionskräfte und dadurch höheren Belastung der Beine nicht mehr in den Trainingstherapiebereich und sollte nur mit orthopädisch gesunden Pferden angegangen werden, deswegen führen wir das hier nicht mehr weiter aus.

Der Aufbau von Trabstangen oder gar Trabcavaletti auf gebogener Linie setzt voraus, dass sich das Pferd bereits wirklich korrekt biegt. Tut es das noch oder gerade nicht, vervielfältigen sich durch die erhöhten Stangen die negativen Auswirkungen auf die unteren Gelenke, deswegen ist davon im Rehabereich abzuraten. Kombinieren Sie lieber Volten mit Stangen in der Form, dass Sie vor und nach der Stangenreihe eine große Volte einlegen, über die Stangen selbst aber geradeaus traben. Im Schritt hingegen kann nach entsprechender Vorbereitung die Biegung sogar mit Hilfe von Stangen verbessert werden, denn ohne Schwebephase und Beschleunigungskräfte fallen die genannten Nachteile ja weg.

Der Stangenfächer

Vier Stangen werden fächerförmig aufgebaut, sodass sie ungleich hoch und zudem ein wenig schräg liegen. Der Abstand der Stangen »innen« (hier am Cavalettiblock) liegt bei etwa 30 Zentimetern, der Abstand am äußeren Rand bei etwa einem Meter. Die höchste Stange sollte so hoch wie das Sprunggelenk des Pferdes sein, und zwar an der Stelle gemessen, wo das Pferd über sie steigt. Nach dem Aufwärmen wird es auf einer Volte über den Stangenfächer geführt. Ziel ist es, dass das Pferd gebogen geht und in gleichmäßigen, ruhigen Schritten seine Beine über die unterschiedlich hohen Stangen hebt. Dazu bieten sich verschiedene Führtechniken an. Führen

Die rechte Hand in der Schenkellage kann die Biegung unterstützen.

Der Stangenfächer besteht aus vier hier unterschiedlich erhöhten Stangen.

Sie entweder in Blickrichtung vorne mit selbst gut gedrehtem Oberkörper, leichtem Kontakt auf dem Kappzaum und die Spitze einer mitgeführten Gerte in Schenkellage zeigend (9 bis 12 Rippe, denn dort kann anatomische betrachtet tatsächlich Biegung stattfinden (wie im gleichnamigen Buch ausführlich erläutert). Oder gehen Sie seitlich zum Pferd wie auf dem Foto demonstriert und legen Sie Ihre flache Hand oder je nach Pferdegröße eventuell auch Ihren Unterarm sanft an die besagte Stelle, um die das Pferd sich biegen soll. Fortgeschrittene können über den Stangenfächer auch longieren.

Ziel ist es, dass das Pferd 45 Sekunden lang ununterbrochen in der Biegung bleibt, das entspricht drei bis vier Runden über den Fächer, danach folgt eine Pause auf einer geraden Linie und ein Handwechsel. Wiederholen Sie die 45 Sekunden abwechselnd auf der rechten und linken Hand, je zwei Mal pro Richtung. Diese Übung schult ganz extrem die Huf-Auge-Koordination und die Rhythmisierungsfähigkeit und mobilisiert alle Gelenke des Schultergürtels und der Hinterhand. Im Gegensatz zur Überwindung eines einfachen Cavaletto (siehe S. 121) sind die Ansprüche hier aber gesteigert durch die gebogene Linie und die vierfach erhöhten schrägen Stangen. Gelingt es durch geschicktes Führen, dass das Pferd wirklich über etwa 45 Sekunden in der Biegung bleibt, werden Muskeln und Faszien der Außenseite effizient gedehnt und so Verklebungen

Der Stangenfächer wird zunächst in der Führposition gemeinsam überschritten.

Im Anschluss kann auch über den Stangenfächer longiert werden.

gelöst. Durch die Dehnung der Außenseite verbessert sich die Biegung im Laufe der Runden immer weiter. Zudem wird dem Pferd durch den Stangenfächer nähergebracht, dass das äußere Beinpaar in der Volte einen längeren Schritt machen muss. Auch das verbessert die Biegung fortlaufend.
Besonders nützlich ist der Stangenfächer für Pferde mit eingeschränkt beweglichen Hüft-/Knie- und Sprunggelenken (Spatpferde, Pferde, die hinten die Zehe schleifen lassen, schleppend laufen), Pferde, deren Vorderbeine rückständig sind (durch hypertonen breiten Rückenmuskel) und für Pferde, die Restriktionen in den Strukturen in der Sattellage/im Lendenbereich aufweisen.
Die Übung muss langsam und achtsam mit einem nicht gestressten Pferd in ruhigen Bewegungen ausgeführt werden. Häufig beginnen die Pferde nach 30 bis 45 Sekunden zu schnauben, zu kauen oder mit den Augen zu blinzeln. Geben Sie dem Pferd danach die Möglichkeit, sich vielleicht sogar im Stand zu schütteln oder zu gähnen und seinen Hals eventuell auch ganz bis zum Boden fallen zu lassen.
Als Führperson steigen Sie selbst mit über den Fächer, schulen also ebenfalls Ihre Koordination und mobilisieren damit Ihre eigenen Hüftgelenke gleich mit. Achten Sie darauf, Ihre Zehen korrekt in die Bewegungsrichtung gedreht zu lassen und gymnastizieren Sie sich damit selbst für das folgende Longieren oder spätere Reiten.

Weitere Arbeit am Kappzaum

In der Trainingstherapie arbeiten wir persönlich auch mit weiteren Führtechniken am Kappzaum, Berührungen mit den bloßen Händen sowie dem Touchieren mit einer Touchierpeitsche an verschiedenen Punkten des Körpers.
Dabei handelt es sich jedoch um Meisterarbeit, denn zum einen ist die Voraussetzung eine nahezu perfekte Koordination seitens des Menschen mit Longe und Peitsche bei tänzerischer Gewandtheit. Zudem benötigt der Ausbilder sehr viel Erfahrung, eine ganz konkrete Bewegungsvorstellung (was soll sich am Bewegungsablauf ändern? Wenn sich was wie verändert, ist das dann gerade gut oder schlecht?) und ganz viel von dem berüchtigten »reiterlichen Gefühl«, welches sich unter professioneller Anleitung in der jahrelangen, hauptberuflichen Arbeit mit unzähligen Pferden einstellt. Welche Berührungen, Führtechniken und Touchierweisen man dann bei welchem Pferd gewinnbringend wie oft und in welcher Intensität einsetzt, sind immer Einzelfallentscheidungen in der Praxis. Das kann man nicht aus Büchern lernen, sondern nur am Pferd. Deswegen unterrichten wir diese Arbeit auch ausschließlich im Einzelunterricht an entsprechend versierte Ausbilder oder zeigen diesen Katharinas Arbeit als Inspiration für eigene Entdeckungen. Leider kann man mit solcher Arbeit Pferden nicht nur gesundheitlich mehr schaden als nutzen, sondern auch die

In der Trainingstherapie arbeiten wir außerdem mit gefühlvollen Berührungen in der Bewegung, hier an der Halswirbelsäule.

Die klassische Handarbeit auf Trense kann hervorragend zur Trainingstherapie eingesetzt werden.

weitere reiterliche Ausbildung empfindlich unterwandern. Deswegen ist sie für den normalen Privatpferdehalter, aber auch Trainer und Therapeuten ohne die oben genannten Voraussetzungen wirklich nur im Einzelfall und unter Anleitung zu empfehlen. Den meisten Pferden ist deutlich mehr damit geholfen, wenn die übrigen, für jedermann anwendbaren Maßnahmen korrekt und regelmäßig durchgeführt werden.

Klassische Handarbeit

Lektionen aus der klassischen Handarbeit auf Trense können in vielen Fällen zur Trainingstherapie eingesetzt werden oder diese ergänzen. Im Schritt ist die Arbeit an der Hand grundsätzlich zu empfehlen, zum Beispiel an »Pausentagen« für Pferde, die nur jeden zweiten oder dritten Tag traben oder galoppieren sollen oder als gymnastische Ergänzung zum Spazierengehen für Patienten, die aktuell nicht geritten werden.

Synchronisieren, Halten und Angehen

Wir beginnen mit der ganzen Bahn. Nehmen Sie die Zügel so auf, dass mit dem rechten und linken Zügel gleich viel Kontakt zum Gebiss möglich wird, und gehen Sie im Gleichschritt neben Ihrem Pferd her. Synchronisieren Sie Ihre eigenen Schritte mit den Vorderbeinen

Das synchrone Gehen ist eine wichtige Grundlage für die weitere Arbeit.

des Pferdes. Üben Sie zunächst das Anhalten und wieder Angehen auf gerader Linie mit äußerer Begrenzung, also an der Bande, und synchronisieren Sie sich dabei immer mit Ihrem Pferd. Diese wichtige, wenn auch schwierige Grundlagenarbeit braucht sehr viel Übung in unzähligen Wiederholungen, eröffnet Ihnen aber später unzählige Möglichkeiten, über das Spiegeln Ihrer eigenen Schritte die Bewegungen des Pferdes zu verändern, also etwa den Raumgriff, die Beugung von Gelenken oder die Frequenz zu beeinflussen. Wichtig beim Anhalten: Beide Vorderbeine des Pferdes sollen senkrecht stehen, bitte halten Sie grundsätzlich nicht mit rückständigen Vorderbeinen an. Das ist im Sinne der klassischen Ausbildung genauso wie im Sinne der Trainingstherapie weitaus wichtiger als das geschlossene »Drunterstehen« der Hinterbeine. Letztere lassen sich nämlich problemlos später noch korrigieren, wenn sie nicht im Zuge korrekter Gesamtausbildung bei korrekten Paraden sowieso nachher von selbst heranschließen.

Wie gelingt es, dass die Vorderbeine korrekt senkrecht zum Halten kommen?
Zum einen ist es wichtig, dass das Pferd vor dem Halten wirklich auf Linie geradeaus gegangen ist ohne seitlich zu driften. Die Begrenzung durch eine Bande oder den Reitplatzzaun hilft. Dann geht es um das Timing der verhaltenden Hilfen. Wenn Sie den Entschluss zum Anhalten fassen, atmen Sie aus, lassen Ihr Kreuzbein sinken und bringen Ihren Oberkörper in eine senkrechte Position. Währenddessen gehen Sie aber noch mindestens eineinhalb, zu Beginn vielleicht auch

In der Handarbeit nehmen Sie Ihr Pferd aus einer anderen Perspektive wahr als sonst und können konzentriert an Details arbeiten.

zweieinhalb ruhige, etwas kleiner werdende Schritte, bevor Sie selbst geschlossen anhalten. Ihr Pferd hat so die Zeit, das bevorstehende Anhalten an Ihrer Körpersprache zu sehen und diese zu spiegeln, sodass es nicht ohne Vorwarnung gegen die aushaltende Zügelhand prallt, was passieren würde, wenn der Reiter ruckartig stehen bleibt und das Pferd vom Übergang überfallen wird. Dank korrekter Vorbereitung und Körpersprache baut sich, wenn überhaupt, nur wenig Druck auf dem Gebiss auf, und zwar kurz vor dem eigentlich Anhalten. Während das Pferd die Parade ausführt, also den letzten halben Schritt macht, geben Sie mit den Zügeln bereits wieder nach, indem Sie Ihre Unterarme entspannen und/oder die Fäuste sogar geringfügig in Richtung Pferdemaul schieben, ohne dass die Zügel gänzlich durchhängen. Sie geben somit bereits nach, wenn Sie merken, dass das Pferd im Anhalten begriffen ist und nicht erst im Anschluss an das Halten. Durch dieses Timing setzen die Pferde ihr jeweils hinteres Bein noch nach vorne neben das andere und beide möglichst lotrecht unter ihr Schultergelenk.

Biegungen

Als nächstes sehen wir uns die Biegungen an. Mit Hilfe der Handarbeit lassen sich diese sehr schön trainieren und verbessern und damit eben alle Vorteile nutzen, die das Gehen in Biegung

Wichtig in den Biegungen: Die Ohren müssen auf derselben Höhe sein, sonst ist das Pferd verworfen.

trainingsphysiologisch bietet (umfassend erklärt im Buch »Biegung – Anatomie und Reitlehre«), allen voran das Bauchmuskeltraining (siehe auch S. 117) und die Mobilisation der gesamten Wirbelsäule und der Dehnung der Muskulatur und Faszien der Außenseite. Dabei können Sie auch in der Handarbeit mit Gebiss die auf S. 128 beim Stangenfächer beschriebene Führtechnik nutzen, und mit der hinteren Hand nicht nur den äußeren Zügel führen, sondern auch die Biegung in der Schenkellage unterstützen. Je nach Pferdegröße kann man sogar den Unterarm senkrecht im Bereich der neunten bis elften Rippe platzieren und durch sachtes rhythmisches »Schieben« die Biegung initiieren. Achten Sie dabei unbedingt auf die Linienführung!

Es bringt nämlich nichts, wenn man das Pferd dabei vor allem mit der ganzen Vorhand von der Spur drückt. Ziel ist es, korrekte Hufschlagfiguren gehen zu können, also beispielsweise korrekte runde 10-Meter-Volten etwa zwischen den Bahnpunkten E und X anlegen zu können. Dank des äußeren Zügels lässt sich der Pferdehals dabei sehr gut einrahmen, sodass der häufige Fehler des abgeknickten Halsansatzes verhindert werden kann. Auch die korrekte Genickstellung, bei der das Pferdegenick in Seitneigung geht, anstatt zu rotieren, wie beim fehlerhaften Verwerfen, lässt sich durch den automatisch nach oben einwirkenden äußeren Zügel gekonnt korrigieren. Kaut das Pferd dabei, lassen sich »nebenbei« sogar Rotationsfehlstellungen etwa des Atlas lösen.

Wir empfehlen die Entwicklung des Travers nicht »gelockt«, sondern klassisch wie hier gezeigt mit außen gehendem Menschen.

Eine andere Idee ist es, wenn die Biegung zum nach innen gehenden Menschen noch nicht sauber klappt, zunächst die Biegungen »vom Menschen weg« zu trainieren, sodass der Mensch außen am Pferd geht und dieses von sich weg biegt. Dabei kann die Gerte in Funktion des verwahrenden äußeren Schenkels wirken und so unter anderem dafür sorgen, dass das äußere Hinterbein eben nicht nach außen ausweicht, sondern als Bestandteil korrekter Längsbiegung schmal in Richtung Körpermitte des Pferdes fußt. So kann man Schiefen und gewohnheitsmäßige »Ausweichbewegungsmuster« gezielt korrigieren, wie sie etwa bei Pferden mit Knie- und Darmproblemen oft vorkommen.

Seitengänge

Gelingen die Biegungen, lassen sich daraus über mehrere Trainingseinheiten in Wochen bis hin zu Monaten die klassischen Seitengänge Schulterherein, Konterschulterherein, Travers und Renvers entwickeln. Diese stellen nicht nur ein sehr effizientes Schritt-für-Schritt-Programm für vermehrte Koordination dar, sondern mobilisieren eben auch die großen Gelenke (insbesondere Schulter- und Hüftgelenke) in alle Bewegungsrichtungen, die diesen möglich sein sollten. Gelingt es beispielsweise, alle Seitengänge in beiden Richtungen für jeweils eine halbe Zirkelrunde lang sauber auszuführen, dann ist der Beweglichkeit und Koordination des Pferdes ein großer Gefallen getan. Im Umkehrschluss fällt gerade auch dabei eben auf, wenn Probleme bestehen: Klappt das Travers etwa zu einer Seite flüssig im Takt und zur anderen nur unter Gegenwehr und mit Taktfehlern, knirschenden Zähnen oder Ähnlichem, dann ist das ein wichtiger Hinweis, sich etwa die Lendenwirbelsäule oder die Hinterbeine genauer anzuschauen. Der Wechsel zwischen den Seitengängen und damit zwischen Biegungs- und Bewegungsrichtung macht die Pferde zunehmend geschmeidiger, Übergänge etwa zwischen Halt und Schritt im Schulterherein verbessern die Koordination zunehmend.

Die Acht mit gleichbleibender Biegungsrichtung

Eine häufig genutzte Übung auch für noch nicht so weit ausgebildete Pferde ist die Acht mit gleichbleibender Biegungsrichtung. Gehen Sie dazu auf den Zirkel oder eine große Volte und biegen Sie das Pferd entsprechend der Linie. Nun wechseln Sie aus dem Zirkel oder der Volte und hängen einen weiteren Kreis an, ohne die Führseite zu wechseln und ohne das Pferd umzustellen. Es geht also nun in Konterbiegung, der Mensch geht außerhalb des Kreises. Aus der Konterbiegung können Sie nun mit ein klein wenig mehr Seitwärtstreiben das Konterschulterherein erreichen.

Die Acht mit gleichbleibender Biegungsrichtung (hier links).

Diese Übung wirkt sehr schön lösend für die Schultergürtelmuskulatur, die auch an Halswirbeln ansetzt. Verspannungen zeigen sich besonders durch eine eingeschränkte Außenrotation oder Abduktion der Vorderbeine oder osteopathische Befunde an der Halswirbelsäule. Pferden mit diesen Themen tut die Übung sehr gut.

Rückwärtsrichten und Schaukeln

Funktionieren das gerade Anhalten und synchrone Angehen, kann das Rückwärtsrichten ebenfalls in die Handarbeit integriert werden. Die verschiedenen Arten des Rückwärtstretens je nach Beckenstellung (bitte nachlesen auf Seite 140) lassen sich nun dank der Vorbereitung sehr schön dadurch umsetzen, dass das Pferd sich nach einiger Zeit auch mit Ihnen synchronisiert. Gehen Sie grundsätzlich im Gleichschritt rückwärts und nutzen Sie Ihren eigenen Körperschwerpunkt für das Umlenken der Rückwärts- in die Vorwärtsbewegung und umgekehrt. Lassen sie Ihr eigenes Kreuzbein mehr sinken, wenn das Pferd das tun soll beziehungsweise eben nicht, wenn das Pferd im LSÜ stabiler bleiben soll. Dabei rahmen Sie den Hals seitlich zwischen den Zügeln ein und können so auch dem möglichen seitlichen Ausweichen der Hinterbeine des Pferdes begegnen. Auch beim Rückwärtsrichten lösen sich viele Pferde und Kauen dabei, was wiederum lösend wirkt. Achten Sie darauf, bei jedem einzelnen Tritt rückwärts mit der Zügelverbindung ganz kurz leichter zu werden, in dem Sie jedes Mal nachgeben, wenn ein Vorderbein sich vom Boden löst. Durch dieses Timing ist es oft möglich, die Tritte zu diagonalisieren, also den korrekten Takt zu fördern.

Handarbeit im Trab

Alles, was wir bis hierhin für die Gangart Schritt besprochen haben, lässt sich grundsätzlich natürlich auch im Trab an der Hand umsetzen. Das ist jedoch nicht für jedes Pferd und zu jedem Zeitpunkt seiner Ausbildung beziehungsweise seiner Trainingstherapie sinnvoll. Das Pferd muss ja neben dem in großen Schritten gehenden Menschen in einem abgekürzten Trabtempo traben, also wenig raumgreifende Tritte machen. Die hinteren Stützbeinphasen werden reduziert. Das kann für die Vorhand gut sein (etwa bei gerade ausheilenden Verletzungen der oberflächlichen Beugesehnen oder Gleichbeinproblemen), hindert jedoch die Hinterhand an der grundsätzlich und langfristig wichtigen Entwicklung der Schubkraft (bitte nachlesen auf S. 109). Oftmals ist es also eben gerade nicht angezeigt, Pferde absichtlich im Gang kurz zu halten, insbesondere wenn schon steile Knie- und Sprunggelenkswinkel vorliegen (siehe »Einmal überbaut, immer überbaut«) oder diese beiden Gelenke der Hinterhand erkrankt sind.

Konterschulterherein mobilisiert den Schultergürtel.

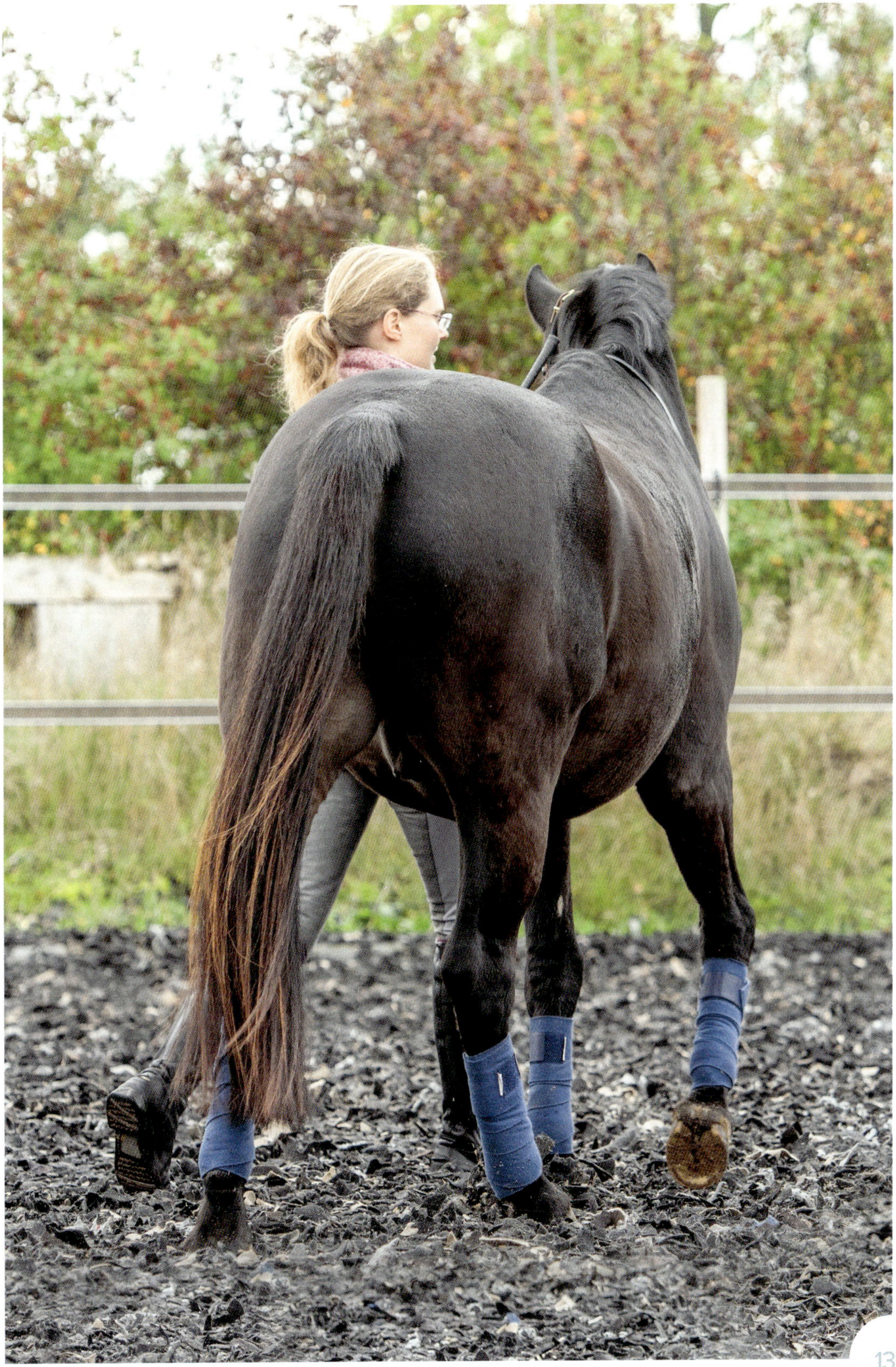

In der klassischen Lehre kommt der abgekürzte Gang dadurch zustande, dass das Pferd sich versammelt, also die vorab über Monate trainierte Schubkraft dann allmählich in Tragkraft umgewandelt wird. Haben wir beispielsweise ein gesundes Pferd, was dreimal pro Woche mit viel Trab und Galopp raumgreifend durchs Gelände fliegt oder auch in der Reitbahn wirklich saubere Verstärkungen geht, dann kann man diese zwischendurch bei der Arbeit an der Hand aufnehmen und das Pferd im Rahmen der Lehre reell versammeln. Nicht gesund wäre es aber, wenn ein Pferd eben immer nur in abgekürztem Tempo ginge, ohne davor je Schub entwickelt zu haben und man beispielsweise das schlurfende, überbaute Spatpferd dann auch noch täglich in der Handarbeit »pseudoversammelt«.

Das überbaute Pferd mit steilen Knie- und Sprunggelenkswinkeln

Geht ein Pferd nicht versammelt, bewegt es jedes seiner Beine in drei Hang- und in drei Stützbeinphasen: einer vorderen, einer mittleren und einer hinteren. Betrachtet werden die Stützbeinphasen, wenn man von der Hankenbeugung spricht: Ein versammeltes Pferd hat nur eine vordere und eine mittlere Stützbeinphase. Statt wie in der »normalen« hinteren Stützbeinphase die großen Gelenke der Hinterhand (Hanken) inklusive den Übergang zwischen Lendenwirbelsäule und Kreuzbein zu strecken, kommt es in Versammlung zur vermehrten Beugung von Hüft-, Knie- und Sprunggelenk und einem leichten Abkippen des Beckens, erzeugt durch die Bauch- und Hosenmuskeln. Das Pferd wird »hinten tiefer«. Die Fortbewegung in Versammlung wurde deshalb früher auch als »Beugegang« bezeichnet. Laut Weishaupt et al 2006 nimmt ein versammeltes Pferd nicht wesentlich mehr Gewicht mit der Hinterhand auf, die verlängerte mittlere Stützbeinphase macht die Versammlung aber sehr anstrengend und kräftigt mehrere Muskeln der Hinterhand und die Bauchmuskeln. Letzteres macht das Pferd im hinteren Teil der Brustwirbelsäule »tragfähiger«, weil gut trainierte Bauchmuskeln verhindern, dass der Rücken unter dem Reitergewicht zu stark in die Streckung absinkt.
Allerdings werden die Hosenmuskeln schnell hyperton und ziehen die großen Gelenke der Hinterhand in eine steilere Stellung. HankenBEUGUNG macht also, wenn sie übertrieben wird, die Winkel **steiler**. Es ist demnach ein Irrtum, dass überbaute, hinten wenig gewinkelte Pferde durch versammelnde Arbeit weniger steil werden.

Ein korrekt erarbeiteter spanische Schritt trainiert den Körper des Pferdes und hebt seine Laune.

Spanischer Schritt

Bei korrekter Ausführung ist der spanische Schritt weitaus mehr als nur ein Zirkustrick. Um eine Bewegungsausführung zu erhalten, die dem Pferd im Sinne seiner Gesunderhaltung und der Trainingstherapie dienlich ist, kommt es auf den richtigen Übungsaufbau und die entsprechenden Prioritäten an. Gut gemacht verbessert das Training des spanischen Schritts nämlich nicht nur ganz massiv die koordinativen Fähigkeiten des Pferdes und hilft damit der langfristigen Prävention von Verletzungen, sondern trainiert außerdem der Rückständigkeit und dem gesundheitsschädlichen Ziehen und Stemmen der Vorhand entgegen.

Er trainiert Muskeln für die Vorführphase (beispielsweise den oberflächlichen Brustmuskel, *M. pectoralis superficialis* oder den *M. biceps brachii*) und dehnt automatisch den breiten Rückenmuskel und die Rückenlendenbinde. Darüber hinaus verbessert der spanische Schritt auf zwei Arten die Laune des Pferdes: Zum einen hebt der Bewegungsablauf als solches sein emotionales Befinden (mehr dazu ab Seite 145), zum anderen erlebt es sich bei positivem Training als selbstwirksam und schult gleichzeitig seine Impulskontrolle, was eine zentrale Fähigkeit für ein zufriedenes Reitpferd darstellt.
Wird der spanische Schritt auf ungünstige Art trainiert und ausgeführt, kann er natürlich auch schaden. Das passiert, wenn das Pferd mit seinem Unterarm zu

früh zu hoch in der Luft herumfuchtelt und sich dabei heraushebt und mit dem gesamten Hals nach oben-hinten nickt, mit den Hinterbeinen stehen bleibt oder gar dreht und dann mit dem angehobenen Bein auf den Boden stampft. Dabei überstreckt und komprimiert es so seinen CTÜ (zervikothorakaler Übergang), ein bei vielen Reitpferden und erst recht bei etlichen Rehapferden bereits in Mitleidenschaft gezogener Bereich, und verschleißt seine kleinen Gelenke in den Vorderbeinen, insbesondere bei harten und unebenen Böden.

CTÜ

Als CTÜ (zervikothorakaler Übergang) wird das Wirbelgelenk zwischen dem siebten Halswirbel und dem ersten Brustwirbel bezeichnet. Um zu verstehen, warum der CTÜ in der Aufrichtung unter massiven Stress geraten kann, beschreiben wir hier ein wenig die Anatomie der Facettengelenke, die die aufeinanderfolgenden Wirbel über Gelenkfortsätze miteinander verbinden. Ein Gelenkfortsatz eines vorderen Wirbels verbindet sich unter den Gelenkfortsatz des folgenden Wirbels zu einem Facettengelenk. Jeder Wirbel besitzt einen rechten und linken vorderen und hinteren Gelenkfortsatz. Die Gelenkflächen sind so geformt, dass sie überlappen können. Sie ermöglichen durch ein Ineinandergleiten (Konvergenz) Streckung (Kopf hoch) oder, wenn sie nur einseitig ineinandergleiten, Längsbiegung. Das Auseinandergleiten (Divergenz) ermöglicht Beugung (Kopf tief). Einseitiges Auseinandergleiten passiert in der Längsbiegung auf der Außenseite.
Wichtig dabei sind die Zwischenwirbellöcher (Foramina intervertebralia). Das sind paarige Öffnungen des Wirbelkanals, die von zwei aufeinanderfolgenden Wirbeln gebildet werden. Sie dienen den Rückenmarksnerven und Blutgefäßen als Austrittsstelle. Bei der Überstreckung der Wirbel verengen sich die Zwischenwirbellöcher, weil die Facettengelenke ineinandergleiten (Konvergenz) – die austretenden Nerven, Arterien und Venen werden mehr oder weniger stark komprimiert. Divergenz der Facettengelenke bewirkt also immer eine Vergrößerung der Zwischenwirbellöcher und somit eine ungestörte Durchblutung und Innervation. Bei der (Über-)Streckung der Wirbel verengen sich die Zwischenwirbellöcher (Konvergenz) und die austretenden Nerven, Arterien und Venen werden mehr oder weniger stark komprimiert.
Gerade im Bereich der Halswirbelsäule, des CTÜ und der vorderen Brustwirbelsäule gibt es sehr häufig pathologische Veränderungen, wie eine 2019 veröffentlichte Studie von Dr. Kevin Haussler vom College of Veterinary Medicine in Colorado zeigt.

72 Prozent der von Haussler untersuchten Pferde wiesen im CTÜ-Bereich degenerative Veränderungen auf.

Foto: M. Stemann, Veterinär-Anatomie Leipzig

Er und sein Team untersuchten bei 56 euthanasierten Pferden die Wirbelsäule vom zweiten Halswirbel bis zum dritten Brustwirbel. Der Tod der Pferde stand nicht im Zusammenhang mit Problemen im Hals- und Genickbereich, sie waren also wegen anderer Probleme eingeschläfert worden. Die Pferde gehörten unterschiedlichen Rassen an und kamen aus verschiedenen Disziplinen, wurden aber größtenteils geritten. Haussler kam auf erschreckende Zahlen: 72 Prozent der Tiere wiesen knöcherne Veränderungen im Bereich zwischen dem zweiten Halswirbel und dem dritten Brustwirbel auf. Besonders große und ältere Pferde zeigten Veränderungen.

In den meisten Fällen handelte es sich um arthrotische Veränderungen an den Wirbelkörpern, Gelenkfortsätzen und an Muskelansatzbereichen.

Haussler teilte die Schäden in »mild« (geringgradig), »moderate« und »severe« (hochgradig) ein: Geringgradige Veränderungen traten vorwiegend zwischen dem dritten bis sechsten Halswirbel auf, also im mittleren Halsbereich. Moderate sowie hochgradige Veränderungen fand Haussler zwischen dem sechsten Halswirbel bis zum zweiten Brustwirbel, also im Bereich des CTÜ. 91 % der Pferde mit Befunden hatten diese in diesem Bereich!

Was ist also im Training zu beachten? Wichtigste Voraussetzung ist, dass die klassische Handarbeit an sich korrekt aufgebaut wurde, also das Pferd gerade zwischen beiden Zügeln auf Linie geht, anhalten und zulegen kann. Auf dieser Grundlage erarbeiten wir mittels Markertraining und Futterbelohnung das bewusste Heben der Vorderbeine und ziehen diese direkt in die Vorwärtsbewegung. Durch geschickt aufgebautes Touchieren, Markern und Füttern gelingen zunächst einzelne taktmäßige, gerade und gesittete »spanische Schritte«. Der Fokus dabei darf anfangs keinesfalls auf Höhe oder »Ausdruck« liegen, sondern auf gerades,

Mittels Markertraining und Futterbelohnung lässt sich die Ausführung des spanischen Schrittes gezielt trainieren.

Emotionen und Bewegungen sind miteinander verknüpft.

taktmäßiges Schreiten und der Erarbeitung sauberer Signalkontrolle. Erst wenn das sitzt, fügen sich mehrere »spanische Schritte« zusammen. Dann sollte zunächst auf Dauer trainiert werden (also die Anzahl der taktmäßigen Schritte in Folge erhöht werden), bevor wirklich erst nach vielen Wochen des Trainings explizit für Höhe und letztlich Strecken gemarkert und belohnt wird, aber eben immer nur so weit wie das individuelle Pferd noch im Takt und »über den Rücken« bleiben kann.

Psychomotorische Zusammenhänge von Gefühlen und Bewegungen

Man fühlt sich automatisch so wie man sich bewegt und bewegt sich auch von Natur aus immer in Anhängigkeit zur eigenen Verfassung. Der Zusammenhang zwischen Emotionen und Bewegungen ist gut erforscht. Psychomotorisches Wissen wird im Humanbereich längt erfolgreich in Therapien integriert und angewendet, beispielsweise in der Motopädie oder der Tanztherapie.

In unseren Seminaren zum Thema bitten wir die Teilnehmerinnen häufig nach der Mittagspause ganz spontan ihren aktuellen Gefühlszustand auf einer Skala zwischen 0 und 10 einzuschätzen. Wenn Sie Lust haben, machen Sie doch direkt beim Lesen dieses Buches auch mit! Oft sind die Leute etwa im Bereich um die Fünf. Das ist zwar natürlich nicht schlecht, aber der Vormittag war schon prall gefüllt mit neuem Wissen, man ist entsprechend müde und das Essen macht träge. Im Anschluss machen wir alle gemeinsam eine etwa fünf- bis zehnminütige Bewegungsübung mit Hüpfen, Springen und dabei noch Kreuzmusterbewegungen. Dabei kommen wir alle aus der Puste, das Mittagessen schlingert im Magen und es wird viel gelacht, wobei zu Beginn oft nicht klar ist, ob aus echter guter Laune oder doch ein bisschen aus Peinlichkeit heraus aufgrund der ungewohnt komischen Hüpfbewegungen. Jeder macht halt mit, so gut er oder sie kann. Danach dürfen die Teilnehmerinnen nochmal einschätzen, wie ihre emotionale Stimmung ist. Die allermeisten wirken gelöst und haben im Durchschnitt einen »Gefühlspunkte-Zuwachs« von zwei bis drei Zählern, fühlen sich also – für viele überraschend – deutlich besser. Und das, obwohl sie selbst jetzt nicht auf die Idee gekommen wären, freiwillig so herumzuspringen.

Auch auf unsere Pferde bezogen ist es wichtig, den Zusammenhang zwischen Emotionen und Bewegung im Kopf zu behalten. Allzu viele Rehapatienten bewegen sich eingeschränkt und fühlen sich dabei auch schlecht. Es gilt herauszufinden, was Henne und was Ei ist und an welcher Stellschraube als erstes gedreht werden kann.

Selbstverständlich gibt es akute oder chronische Erkrankungen, die einem Pferd dauerhafte Schmerzen bereiten und aufgrund derer es sich absolut nicht gut fühlen kann. Insbesondere, wenn das Bewegen an sich tatsächlich gerade akut wehtut, dann wird man davon auch nicht glücklich. Stellen Sie sich vor, Sie haben ein frisch gebrochenes Bein oder eine Gehirnerschütterung und ich sage »Hüpf doch mal!«.

Manche Probleme müssen überhaupt erst einmal gefunden und behandelt werden, bevor Bewegungstherapie Sinn machen kann. In dem Fall braucht es unbedingt tierärztliche Betreuung und in vielen Fällen auch Schmerztherapie, denn Schmerzerinnerung sorgt mitunter für längerfristige Probleme, selbst nachdem das Grundproblem längst abgeklungen ist (siehe Abschnitte dazu in Kapitel 1).

Es wäre nicht pferdefreundlich, dem Pferd die Schmerztherapie zu versagen, es andererseits aber draußen mit anderen Pferden um seinen Platz an der Heuraufe oder im Unterstand kämpfen zu lassen. Denn natürlich bewegt es sich unter Schmerzen dann schon nicht so wild, was je nach Erkrankung der Heilung förderlich ist, aber es fühlt sich eben auch permanent schlecht, während es im schlimmsten Fall auch noch unter Aufwand seine Grundbedürfnisse decken muss. Das verbaut den Weg zu freudvoller Bewegung und einem guten Körpergefühl leider oft nachhaltig. Aus psychischen Gründen ist also ein kurzfristiges Aufstallen in einer (Paddock-)Box und zeitnahe Behandlung, etwa bei akuten Traumata, vorzuziehen.

In vielen Fällen bewegen sich Pferde bereits seit Jahren nur noch eingeschränkt und werden oft aus fehlgeleitetem Mitleid der Besitzer dauerhaft nicht mehr adäquat bewegt und schon gleich gar nicht gefordert und gefördert. Dabei fühlen sie sich immer schlechter, auch wenn eigentlich kein Anlass mehr besteht, werden immer unfitter und bewegen sich dann nur noch in Zeitlupe und mit Trauermine, was zu erneuten Mitleidsausbrüchen seitens der Besitzer führen kann. Um aus diesem Kreislauf herauszukommen, hilft oft nur ein (im übertragenen Sinne) so gekonnter wie liebevoller Tritt in den Hintern, und zwar oft für Pferd und Besitzer gleichermaßen.

Losgelassenheit erreichen

Pferde fühlen sich immer so, wie sie sich bewegen. Schleicht man also etwa in Zeitlupe hinter dem Besitzer in die Reithalle, fühlt man sich in Reithallen (und nebenbei auch gemeinsam mit dem Besitzer) immer steif und müde. Trabt man mit hängendem Rücken in Minitritten mit schlurfenden Zehen ohne Schwebephase herum, belastet das nicht nur Rücken und Gliedmaßen, sondern zementiert auch die depressive Verstimmung, selbst wenn es zwischendurch Kekse gibt! Diese machen den emotionalen Bezug zu Bewegung manchmal sogar nur noch schlimmer, denn wenn sich Traben schlecht anfühlt, das Endlich-stehen-bleiben-Dürfen dagegen noch nach jeder halben Runde mit Futter aufgewertet wird, dann wird das Traben dagegen vergleichsweise oft immer unbeliebter.

Schwebephasen machen glücklich!

Wie bricht man aus diesem Kreislauf aus? Die Zauberworte sind Takt und Losgelassenheit: Losgelassenes Laufen in physiologischer Haltung ist für Pferde nämlich selbstbelohnend, fühlt sich also ganz automatisch für das Pferd gut an, weil es seinen Körper dann effizient nutzt: Dazu zählt unter anderem die ökonomischer werdende, immer fedrigere Bewegung mithilfe der sich rhythmisch dehnenden und zusammenziehenden Faszien, der tätige Rumpftrageapparat sowie damit verbunden wiederum die erleichterte Atmung.
Dadurch fühlt sich Laufen für das Pferd sofort leichter an und ermüdet es deutlich weniger, obwohl es viel sportlicher wirkt als das Schlurfen vorher. Trabt ein Pferd tatsächlich taktklar mit Schwebephase, dann sorgt diese für die Ausschüttung des sogenannten Glückshormons Serotonin. Erwiesen ist das aus Forschungen aus dem Humanbereich: Hüpfen macht glücklich! Noch mehr davon gibt's im Galopp, aber nur, wenn dieser nicht in schleppendem Viertakt, sondern tatsächlich gut durchgesprungen, also im Dreitakt mit Schwebephase ausgeführt wird. Sobald ein Pferd die Losgelassenheit erreicht hat, bringt das Weiterlaufen-dürfen umfassend gute Laune. Natürlich ermüdet auch das losgelassene Pferd irgendwann und möchte sich danach ausruhen, aber es hat in der Zwischenzeit die gemeinsame Bewegung mit dem Menschen als sehr positiv erlebt und

Loben Sie gute Bewegungsausführung in rhythmischem Gang ohne anzuhalten.

verknüpft die Trainingssituation mit einem guten Körpergefühl. Gelingt es in jeder oder zumindest fast jeder Trainingseinheit, die Losgelassenheit zu erreichen, wird das Pferd zum einen regelrecht süchtig nach diesem Gefühl. Es trainiert dann tatsächlich gerne, auch wenn die Ansprüche mit der Zeit steigen, und fühlt sich zudem nach dem Training und in freier Bewegung allgemein besser. Zum anderen passt sich der Körper natürlich in all seinen Strukturen dem losgelassenen Laufen an, sodass dieses (wieder) zu seinem natürlichen, favorisierten Bewegungsmuster wird. Innerhalb der Trainingseinheiten wird die Losgelassenheit immer schneller erreicht und braucht dann eben auch nicht mehr den anfangs notwendig gewesenen »Tritt in den Allerwertesten«.

Sobald ein Pferd also trainierbar ist, gilt es, in jeder einzelnen Trainingseinheit die Losgelassenheit in den Grundgangarten zu erreichen. Dabei muss man das Pferd häufig erstmal ein wenig zu seinem Glück zwingen, also über schlechte Laune und Bewegungseinschränkungen durchaus auch sanft hinweg trainieren, passende Übungen auswählen und das Pferd mit gekonnter Hilfengebung dazu auffordern, diese auch genügend lange mitzumachen. Damit das Pferd merken kann, dass sich etwa rhythmisches Traben gut anfühlt, muss es einige Minuten durchtraben. Es gilt also, nicht jedes Mal ausgerechnet dann anzuhalten oder aufzuhören, wenn es gerade anfängt, gut zu werden, sondern genau dann das gute Bewegungsgefühl ein paar Minuten wirken zu lassen. Salopp ausgedrückt soll man das Pferd eine Weile auf der Hormonwelle schwimmen und seinen nun endlich (wieder) physiologisch arbeitenden Körper genießen lassen. Feuern Sie Ihr Pferd an und loben es voller Freude im Gang, ohne die Bewegung abzubrechen!

Gekonnt treiben

Eine Schlüsselqualifikation ist dabei das Treiben. Der Mensch muss lernen, wie genau er technisch betrachtet treibt, also wie er selbst geht und die Gerte oder Peitsche führt. Das bedarf jahrelanger Übung unter Anleitung. Nehmen Sie also immer wieder Unterricht auch in Longieren und Handarbeit. Häufig empfehlen wir, das Touchieren mit Longierpeitsche oder Gerte trocken zu üben, etwa indem Sie üben, Pylonen mit dem Peitschenschlag umzuwerfen oder kleine Ziele zu treffen, und zwar mit Ihrer linken genau wie mit Ihrer rechten Hand.

Nur auf Grundlage des gekonnten Handlings mit der Peitsche als verlängertem Arm ist es möglich, dann ein konkretes System der Hilfengebung mit dem Pferd aufzubauen, bei dem das Pferd differenzierte Peitschensignale eben auch differenziert beantworten kann. Wichtigstes Prinzip ist, dass jede Vorwärtsreaktion des Pferdes dazu führt, dass die Peitschenhilfe für einen Moment ausgesetzt wird. Eine Anleitung zur Entwicklung eines dynamischen Trabes finden Sie auf S. 109.

Der Umgang mit der langen Longierpeitsche will gelernt sein, damit Peitschenhilfen dem Pferd wirklich helfen.

Die Zusammenarbeit mit Pferden bringt immer wieder auch unsere persönlichen Themen auf den Tisch.

Die eigene Einstellung bei der Bewegung

Pferde spiegeln unter anderem die Bewegungen des Menschen. Selbst wenn es einem Rehapferd vielleicht nur möglich ist, Schritt zu gehen, so kann man diesen selbst ganz beschwingt und mit positivem Ausdruck gehen. Während Sie Ihr Pferd mit der Gerte anticken oder schnalzen, gehen Sie selbst besonders raumgreifend und federn Sie in Ihren Gelenken. Ganz so, als hätten Sie eine super Laune und als sei das Schrittführen Ihr Tages-Highlight. Je größer die Schritte, umso lustiger. Das Überwinden von Schrittstangen oder eines Cavaletto (siehe Seite 120) erweitern den Spielraum der Gelenke und sind eine tolle Aufgabe. Verkaufen Sie das Ihrem Pferd! Setzen Sie beim Training ein zur Not auch künstliches Grinsen auf, selbst wenn Sie keine Lust haben. Denn auch das ist in Untersuchungen belegt: Lächelt man über einen gewissen Zeitraum, hebt das automatisch die Stimmung. In besserer Stimmung gehen Sie gleich beschwingter, wodurch Sie sich noch besser fühlen und so weiter. All das wirkt auf Ihr Pferd.

Leider stehen diesen simplen Tipps häufig Ängste des Pferdebesitzers oder dessen eigene ungünstige Verknüpfungen mit Sport und Bewegung im Weg. Verspürt man fehlgeleitetes Mitleid mit dem Pferd, weil es »arbeiten muss« oder empfindet selbst jeden Schritt als anstrengend und jede Veränderung als belastend, dann hemmt das die positive Entwicklung des Pferdes in vielen Fällen ganz massiv. Vlelleicht hilft Ihnen dieses Kapitel dabei, zu realisieren, dass und wie Sie Ihrem Pferd etwas Gutes tun, wenn Sie gemeinsam über Schatten springen.

Hat man handfeste Angst davor, dass man bei zu viel Vorwärtsbewegung die Kontrolle über das Pferd verliert oder Angst davor, dass ihm nicht doch vielleicht jeder falsche Schritt schaden könnte, dann sollte man diese Themen nicht nur dem Pferd zuliebe, sondern auch um seiner selbst willen angehen. Im Anhang empfehlen wir Ihnen zwei Adressen für Coaching und Therapie.

Imponieren im spanischen Schritt hebt die Stimmung.

Der König der Welt

Eine tolle Lektion, die die akute Gefühlslage des Pferdes selbst ohne Trab und Galopp schon stark verbessert, ist der bereits auf S. 141 thematisierte spanische Schritt. Dabei handelt es sich um ein natürliches Imponierverhalten. Bringen wir dem Pferd bei, sich zu bewegen, als wolle es imponieren, dann fühlt es sich auch wie beim Imponieren: stolz, fit und mächtig. Ein gut gemachter spanischer Schritt über eine gewissen Strecke durchgehalten sogt beim Pferd für ein Gefühl, als sei es der König der Welt. Dazu kommt der Stolz des Besitzers und vielleicht sogar die Reaktionen der zwei- und vierbeinigen Stallkollegen – so ein Pferd im spanischen Schritt wirkt einfach gut.
Sitz die Lektion so gut, dass sie dem Pferd wirklich Spaß macht und das besagte großartige Gefühl gibt, dann kann man sie gezielt einsetzen, um die Stimmung aufzuhellen, etwa nach einer anderen Übung, die dem Pferd gerade nicht so liegt oder zum Abschluss des Trainings.

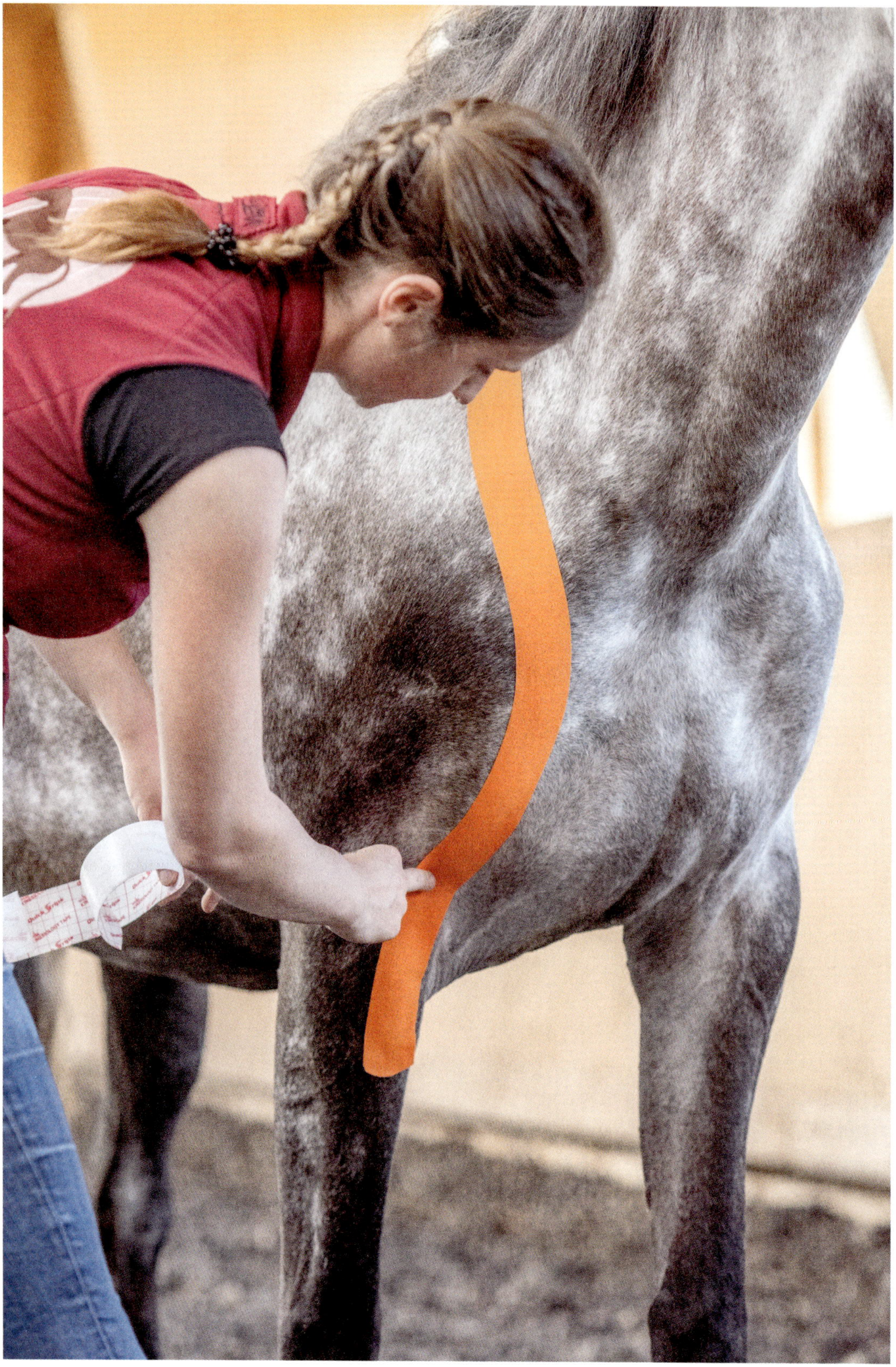

DAS TRAINING UNTERSTÜTZENDE MASSNAHMEN

Wir sind, wie Sie im Laufe des Buches sicher festgestellt haben, **Freunde von klug durchdachtem Training**, gern in Kombination mit der Osteopathie.

Das ist in der Regel so erfolgreich, dass wir bislang keinen Anlass sahen, die zahllosen teuren Gerätschaften, die es am Markt gibt, zu nutzen, um unsere Rehapferde wieder fit zu bekommen. Mit den in diesem Kapitel vorgestellten, recht günstig zu erwerbenden, kleinen Helferlein arbeiten wir allerdings sehr regelmäßig.

Balance Pads

Die Schaumstoffscheiben gibt es in der günstigsten Form aus dem Humanbedarf von der Firma TheraBand. Sie werden am Menschen zur Verbesserung von Gelenk- und Rumpfstabilität sowie der Tiefensensibilität (Propriozeption) eingesetzt, etwa in der Reha, bei älteren Menschen oder Menschen mit zu wenig Gelenkstabilität (die etwa zum Umknicken neigen). Seit einigen Jahren wird ihre Anwendung am Pferd zunehmend beliebter – zu Recht!

Für wen geeignet?

Die Pads geben etwas nach, wenn das Pferd seinen Huf daraufstellt. Der Huf sinkt dann wechselnd tief in das Material ein und das Pferd muss diesen unsicheren Untergrund mit Mikrobewegungen ausgleichen.

Dadurch eignen sich die Pads zum Stabilisations-, Gleichgewichts- und Propriozeptionstraining: Das heißt, Pferde mit instabilem Kniegelenk profitieren, aber auch Pferde, die zum Stolpern neigen

Propriozeptives Training mit einem Balance Pad.

oder etwa durch lange Stehpausen ihr gutes Körpergefühl verloren haben und scheinbar nicht mehr wissen »wo ihre Beine sind«. Bei Pferden mit Shivering-Syndrom oder leichten Ataxien können die Pads ebenfalls helfen (im Zweifel bitte Tierarzt fragen!)
Da die Pferde, spätestens wenn man mehrere Pads einsetzt, sehr häufig anfangen zu schaukeln und kleinste Bewegungen auszuführen, haben die Pads einen überaus entspannenden, lösenden Effekt auf Muskulatur und Psyche. Es ist oft recht schnell zu beobachten, dass die Pferde kauen, ihr Gesicht entspannen und das Stehen auf den Pads sichtlich genießen. Deshalb »gönnen« wir auch Rückenpatienten, Pferden mit starken Verspannungen am Hals, an der Schultergürtelmuskulatur oder an der Hinterhandmuskulatur (was nach Schmerzproblemen an der Vorhand sehr häufig ist) sehr gern die Pads. Auch gesunde Pferde profitieren von ihrer Anwendung!

Wie werden sie angewendet?

Damit das Pferd ohne Ablenkung entspannen kann, benötigt es eine ruhige Umgebung. Die Arbeit mit den Balance Pads beruht auf Freiwilligkeit. Das Pferd darf selbst entscheiden, wie lang es auf den Pads steht und ob es schaukelt oder eher ruhig steht. Dazu ist es wichtig, dem Pferd das Stehen auf dem Pad neutral anzubieten. Nehmen Sie das Bein auf wie beim Hufeauskratzen, platzieren Sie das Pad und leiten Sie den Pferdehuf sanft auf das Pad. Sie können Ihr Pferd gerade zu Beginn mit ruhiger Stimme dafür loben, dass es den neuen Untergrund ausprobiert, aber feiern Sie es nicht übertrieben und bestärken Sie das Aufs-Pad-Steigen keinesfalls mit Futter. Das Pad zu treffen ist kein »Target« und es ist eben nicht das Ziel, dass das Pferd Ihnen zu liebe oder um die Bestärkung zu bekommen so lange wie möglich auf dem Pad bleibt. Als einzige Spielregel gilt, dass das Pferd es bitte ein paar Sekunden lang ausprobieren soll, auf dem Pad zu stehen. Steigt es anfangs sofort herunter, stellen Sie es wieder darauf. Ab dann halten Sie sich aber einfach entspannt in der Nähe auf, ohne das Pferd aktiv zu beeinflussen. Es soll ohne Ablenkung mit seinem Körper experimentieren dürfen und bewusst und selbstbestimmt vom Pad steigen, wenn es ihm reicht. Das kann nach einer Minute der Fall sein oder auch nach 20 Minuten. Bieten Sie im ersten Schritt an, jedes Bein einzeln auf ein Pad zu stellen, solange das Pferd mag. Des Weiteren ist es möglich, auch beide Vorderbeine oder beide Hinterbeine auf ein Pad zu stellen, interessant sind auch die Diagonalen hinten links plus vorne rechts oder umgekehrt. Beachten Sie immer die Reaktionen Ihres Pferdes und hören Sie auf Ihr Bauchgefühl. Oft ist weniger mehr. Die Arbeit mit den Pads kann entweder an Pausentagen durchgeführt werden, an denen kein sonstiges Training stattfindet, oder im Anschluss an das übrige Training. Danach sollte das Pferd die Gelegenheit haben, noch eine Weile im Parasympathikus ruhen zu können.

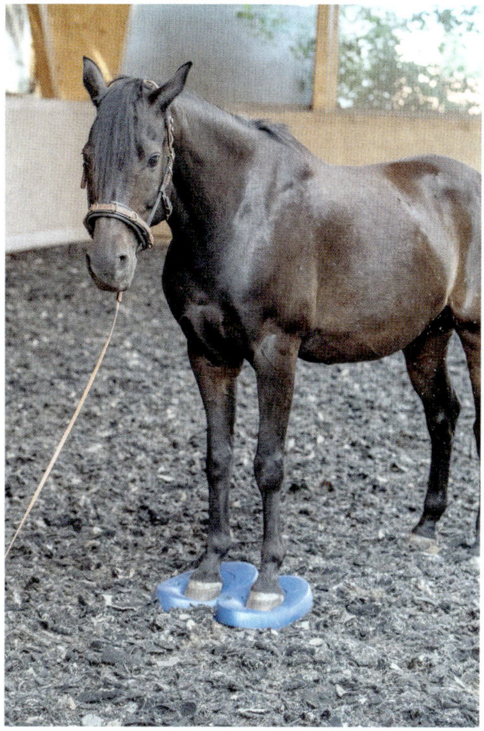

Viele Pferde zeigen auf Balance Pads einen in sich gekehrten Gesichtsausdruck im Parasympathikus.

Kontraindikationen

Bei Pferden mit tiefer Schale, Hufgelenksarthrose, Problemen am Hufrollenkomplex oder im Reheschub kann das seitliche Bewegtwerden auf dem Pad unangenehm bis schmerzhaft sein. Nach der Entzündungsphase können Sie in Absprache mit dem Tierarzt versuchen, das Pferd auf die Pads zu stellen: Geht Ihr Pferd nach der Gewöhnungsphase sehr schnell von den Schaumstoffplatten herunter oder möchte sich partout nicht (mehr) daraufstellen, muss es das auch nicht tun. Wir wollen keinesfalls in den Schmerz trainieren. Akut lahme Pferde gehören nicht auf Balance Pads.

Tapes

Die bunten Klebestreifen wurden ebenfalls zunächst in der Humanphysiotherapie genutzt. Sie wirken unter anderem über taktile Reize: Das Pferd spürt die getapte Körperstelle bewusster, was sich stark auf die Bewegungsausführung auswirken kann. Zudem wirken die Tapes über den leichten Zug auf den Haaren auf die Haut und die darunter liegende oberflächliche Faszie. Je nach Tapeanlage verbessern sie die Durchblutung und sorgen so für eine lokale Wärmesteigerung und Dekompression: Die Fließeigenschaften der

Die Enden werden immer rund geschnitten.

extrazellulären Matrix verbessern sich, die Bindegewebszellen werden zu Reparaturprozessen angeregt.

Für wen geeignet?

Prinzipiell für jedes Pferd, das nicht unter Hauterkrankungen oder Allergien gegen den speziellen Klebstoff leidet. Jetzt kommt das Aber: Nicht jede Tapeanlage passt zu jedem Pferd. Es gibt Pferde, die sich massiv besser bewegen, wenn man sie klug tapt, man kann Pferden aber auch ungünstige Bewegungsmuster »antapen«. Aus diesem Grund ist eine Tapeanlage nur so gut wie ihr Ergebnis.

Wie werden sie angewendet?

Für Trainingstapes nutzen wir durchaus auch Tape aus dem Humanbereich, welches sich leichter wieder vom Fell lösen lässt. Die Trainingstapeanlagen brauchen nicht tagelang zu halten, sondern verbessern den Bewegungsablauf innerhalb einer Trainingseinheit und werden danach entfernt.

Wir sind gar nicht daran interessiert, dass Tapeanlagen tagelang »halten«, sondern nutzen sie vorwiegend in den einzelnen Trainingseinheiten, um Bewegungsabläufe gezielt zu verbessern. Diese Philosophie des Pferdetapings stammt von der Leiterin der Fachschule für osteopathische Pferdetherapie, Barbara Welter-Böller, deren Buch »Tapingpraxis für Pferd und Reiter« wir für Therapeuten und Tierärzte auch vollumfänglich empfehlen können. Dort sind außerdem die hier kurz erwähnten Trainingstapeanlagen genau beschrieben.

Unsere drei Lieblingsanlagen:

CTÜ-Tape

Diese Tapeanlage verläuft von Halsmitte zu Halsmitte direkt vor der Schulter des Pferdes und bildet eine Art »Trageschlaufe« für den sechsten Halswirbel, da wir den siebten Halswirbel, der gemeinsam mit dem ersten Brustwirbel den zervikothorakalen Übergang bildet, nicht direkt erreichen. Die meisten Pferde lassen sich deutlich besser fallen, wenn sie sich »von unten« unterstützt fühlen, schnauben und bewegen die Vorderbeine teilweise sofort koordinierter. Sie hilft entsprechend Pferden mit mangelnder Dehnungsbereitschaft und verspannter Oberlinienmuskulatur (erkennbar unter anderem am »herausgedrückten Unterhals«) und Pferden, die zum Stolpern neigen.

Der Grund: Aus dem CTÜ-Bereich treten Nerven und Blutgefäße aus den Zwischenwirbellöchern aus, die die Vorderbeine versorgen. Diese Löcher verengen sich (was zu Kompression der genannten Strukturen führt), wenn sich die Halsbasis in Streckung befindet, also das Pferd sich zum Beispiel heraushebt. Diese Tapeanlage wird ohne Zug geklebt und nach dem Training entfernt.

Bauchmuskeltapes

Die meisten Rehapferde haben schwache Bauchmuskeln, was wiederum zu Lasten des Rückens, also der hinteren Brust- und der Lendenwirbelsäule geht. Je nach Befund sind Biegung und Galopp aber noch gar nicht möglich. In diesen Fällen schwören wir auf die beiden verschiedenen Anlagen des Bauchmuskeltapes für den geraden und den äußeren schrägen Bauchmuskel. Letztlich ist es Versuch und Irrtum, ob Ihr Pferd eher auf die eine oder auf die andere Tapeanlage reagiert, deshalb ist es sinnvoll, beide in verschiedenen Einheiten anzubringen.
Erkennbar ist meist besonders im Trab, dass die Rückenlinie des Pferdes sich deutlich verbessert und der Rücken besser zum Schwingen kommt. Viele Pferde schnauben sehr viel und man hat den optischen Eindruck, dass der Bauch »weniger hängt«, wenn die Tapeanlage ein »Treffer« war.
Den geraden Bauchmuskel tapen Sie beidseits parallel der Bauchnaht vom tastbaren Ende des Brustbeins (in der Gurtlage) bis kurz vor Euter oder Schlauch.

CTÜ-Tapeanlage

Tape für den schrägen Bauchmuskel.

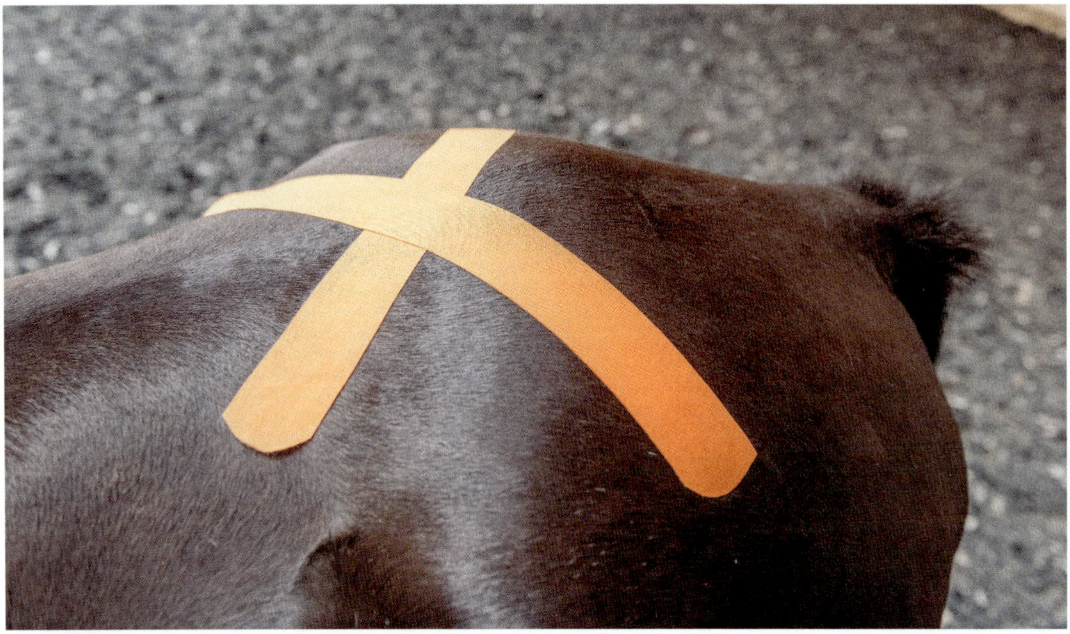

Das LSÜ-Tape hilft vielen Pferden mit Becken- und ISG-Befunden und Spannungen im lumbosakralen Übergang.

Den äußeren schrägen Bauchmuskel tapen Sie ausgehend parallel vom Flankenwirbel bis zur Bauchnaht (beidseits).

LSÜ-Tape

Pferden mit deutlichen Beckenbefunden (Beckenschiefstände oder stark abgeschlagene Kruppe), Befunden im ISG-Bereich und insbesondere im lumbosakralen Übergang hilft diese Tapeanlage oft hervorragend. Die Tapestreifen beginnen am oberen Rand des Flankenwirbels, laufen vor den Sakralhöckern (höchster Punkt der Kruppe, meist sind die Knöchelchen zu ertasten) zum gegenüberliegenden Kruppenmuskel (etwa eine Handbreit hinter dem Hüfthöcker). Am LSÜ kreuzen sich die Streifen. Wenn diese Anlage für Ihr Pferd passt, sehen Sie das meist direkt an einer besseren Schubentwicklung und einer besseren Hinterhandmechanik.

Dekompression und Schmerztherapie

Die Anlagen des Spacetapes und Crosstapes dürfen länger auf dem Pferd bleiben. Das Spacetape wird so geklebt, dass es durch die Elastizität des Tapesteifens in der Mitte dekomprimierend wirkt. Mit Thermografieaufnahmen konnten wir im Tapingkurs an Barbara Welter-Böllers Schule eine deutlich verbesserte Durchblutung und Wärmeentwicklung unter und um die Tapeanlagen herum feststellen. Wir nutzen des Spacetape sehr gern bei den berühmten »Löchern in der Sattellage«, aber auch bei Verspannungen oder älteren Muskelverletzungen an anderen Stellen des Pferdekörpers.

Beliebte Helferlein sind auch die kleinen Crosstapes. Crosstapes wirken – im Prinzip wie jede Tapeanlage – über die WDR-Rezeptoren in den Faszien. WDR steht für wide dynamic range – diese Rezeptoren leiten Schmerzreize ODER mechanische Reize ans Gehirn. Das bedeutet, man kann Schmerz und beispielsweise Zug an den Haaren oder Reibung schwer gleichzeitig fühlen. Wenn Sie sich den Kopf anstoßen, werden Sie reflexartig die schmerzende Stelle reiben und daraufhin recht bald ein Nachlassen des Schmerzes feststellen. Und wenn der Schmerz nachlässt, löst das allein oft kleinere Verspannungen und trägt einfach zum Wohlbefinden des Pferdes bei. Zudem sind die kleinen Crosstapes elektrostatisch aufgeladen, was die Reizweiterleitung der Nervenzellen im getapten Areal beeinflussen soll. Wir haben sehr positive Erfahrungen mit den Crosstapes gemacht.

Spacetapes werden folgendermaßen geklebt: Trägerpapier in der Mitte einreißen, Zug auf das Tape ausüben. Jeder Tapestreifen des Spacetapes wird mit Zug in der Mitte geklebt. Der erste Streifen wird in Fellrichtung geklebt. Das zweite Tape (wieder Zug auf die Mitte des Tapes ausüben) kreuzförmig darüber. Der dritte und vierte Tapestreifen wird diagonal geklebt.

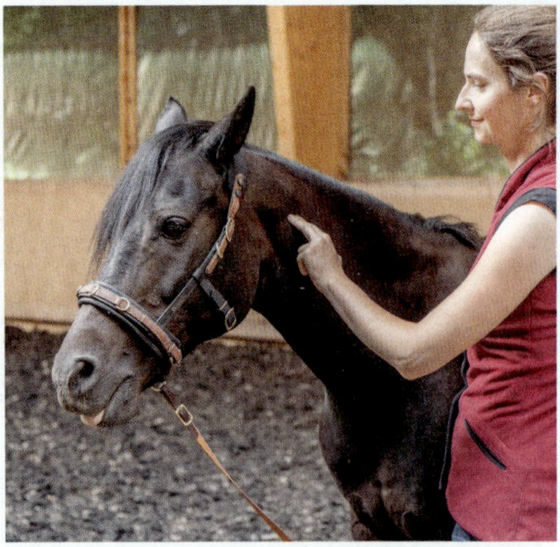

Die kurzen Nackenstrecker werden hier mittels einer Stresspunktmassage entspannt.

Stresspunktmassagen und weitere manuelle Techniken

Je nach Indikation zeigen wir auch einfach zu erlernende Massage- oder Faszientechniken, mit denen der Besitzer seinem Pferd helfen kann. Eine dieser Techniken ist die sogenannte Stresspunktmassage. »Erfunden« wurde diese sanft auszuführende Methode von Jack Meagher, empfehlenswert ist das im Müller Rüschlikon Verlag erschienene Buch über die Stresspunktmassage von Claus Teslau, der die Technik auch auf Kursen lehrt.
Durch Fehlbelastungen, Schmerz und/oder Stress kann es zu Verklebungen oder Verspannungen kommen, die sich negativ auf Muskulatur und Muskelfaszien (den Muskel strukturierendes und ihn umgebendes Bindegewebe) auswirken. Mithilfe von dosiertem Druck auf einen oder mehrere der von Meagher definierten »Stresspunkte« lassen sich muskuläre Verspannungen lösen. Die Stresspunktmassage wirkt, je nachdem wie man sie anwendet, auch auf die (Muskel-) faszien. Viele der Stresspunkte liegen an den Ansatzstellen der Faszien an Knochen. Der ruhige, sanft ansteigende Druck stimuliert unter anderem die Ruffini-Körperchen, was nicht nur direkt entspannend auf Muskel und Bindegewebe wirkt, sondern das Pferd auch in den Parasympathikus bringt und somit regenerationsunterstützend wirkt.
Weitere Massagetechniken sind in Claus Teslaus Buch »Hand ans Pferd« (Müller Rüschlikon Verlag), sanfte Faszientechniken in Barbara Welter-Böllers Buch »Faszientherapie und Faszientraining« beschrieben. Wir empfehlen Laien wärmstens, sich unbedingt von ihrem Therapeuten die für ihr Pferd geeigneten Techniken zeigen zu lassen, weswegen wir hier nicht näher darauf eingehen.

Nein zu »Hufkratzertherapie«, Nudelholz und Co.

Ganz wichtig ist uns, bei Behandlungen nie »in den Schmerz« zu arbeiten. Menschen kann man erklären, dass eine Technik eventuell kurz weh tut, bevor sich Entspannung einstellt. Das Pferd spürt nur den Schmerz, was zu typischen unwillkürlichen Stressreaktionen führt: die kleinen glatten Muskelzellen in den Faszien spannen sich an und auch die Skelettmuskulatur verspannt sich statt sich zu entspannen.

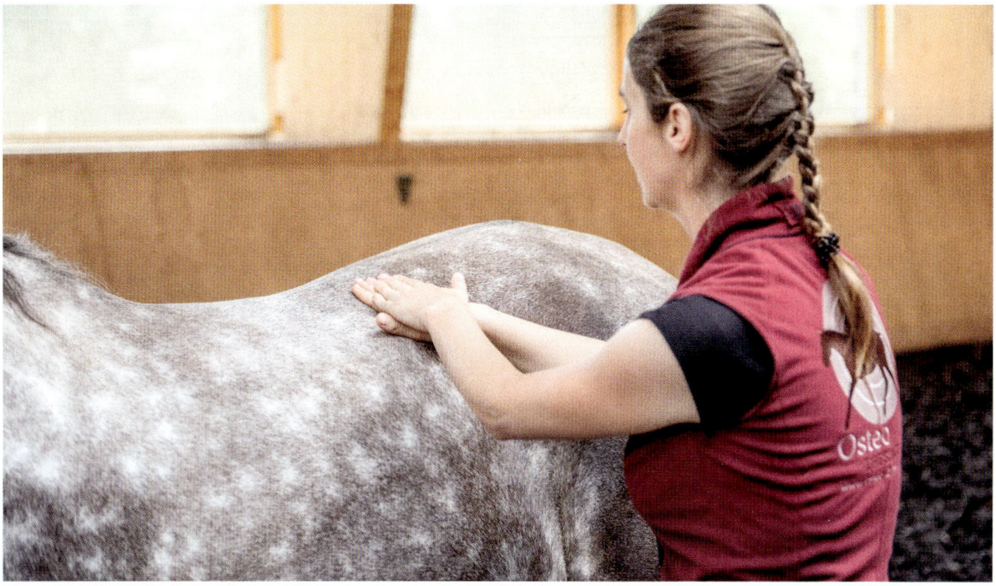

Eine sanfte Faszientechnik wird mit den fühlenden Händen ausgeführt, nicht mit einem harten Gegenstand.

Das Pferd genießt die Faszientechnik am Mähnenkamm.

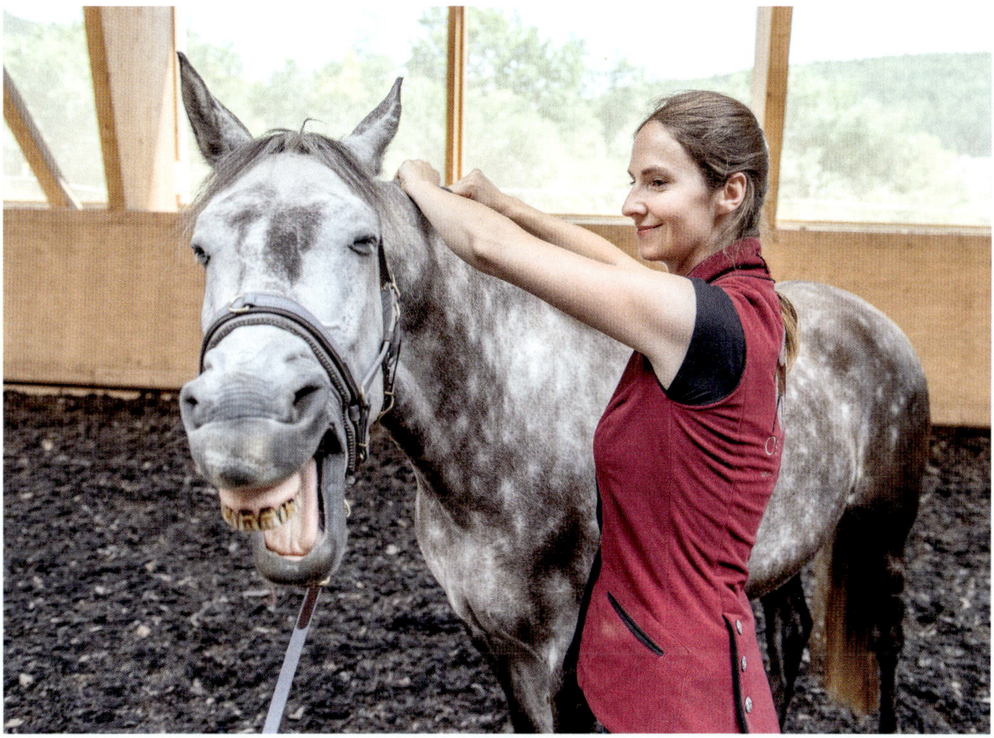

Wir raten deshalb dringend davon ab, das Pferd zum Beispiel »drei Mal pro Woche« mittels Druck auf der Hosen- oder Bauchmuskulatur (leider nehmen viele Menschen dazu Hufkratzer ...) den Rücken »aufwölben« zu lassen. Das ist kein »Training« der Muskulatur, das ist eine unnötige Manipulation mit einem nicht unerheblichen Verletzungsrisiko, die die Beziehung zu Ihrem Pferd nicht verbessert und ihm auch nicht nachhaltig helfen wird. Ihr Pferd so zu »mobilisieren« ist, als würde Ihr Partner Ihnen drei Mal täglich den Autoschlüssel in die Bauchmuskeln bohren und Sie so zu drei Sit-Ups zwingen. Nach sechs Wochen hätten Sie trotzdem kein Sixpack, aber den Wunsch nach einem neuen Partner ...
Der Therapeut kann einmalig für die Testung oder Behandlung sanft und dosiert mit Stäbchen oder Fingern solche Techniken anwenden, sollte diese aber nie dem Pferdebesitzer auftragen.
Wir halten auch nichts von sporenrad- oder nudelholzähnlichen Faszienrollen, denn gerade in Laienhänden können sie sehr schnell Schmerzreaktionen auslösen: Testen Sie das ruhig mal an Ihrem eigenen Oberschenkel.
Wir sind nicht per se gegen Hilfsmittel: Einiges, was der Markt an Massagebällen, -rollen und -geräten hergibt, kann durchaus vom Pferd als angenehm erlebt werden und zur Entspannung beitragen. Achten Sie immer unbedingt auf die Reaktionen Ihres Pferdes. Freiwilliges Kopfsenken, Kauen, Hängenlassen der Unterlippe und Schnauben sind gute Zeichen, eine eingefrorene Mimik mit angespannter Kinn- und Nüsternpartie und ein Anspannen der Oberlinie Anzeichen für Schmerz oder Unwohlsein.

*»**Merke:** Wenn das Pferd sich gegen eine angewandte Technik wehrt, ist diese Technik nicht einzusetzen!*
*__Achtung:__ Jedes Pferd äußert seine Abneigung durch mehr oder weniger starke Anzeichen: Diese reichen vom Blinzeln mit den Augen, Abwenden des Kopfes zur anderen Seite bis hin zu Beißen und Schlagen. Nehmt schon das Flüstern wahr und nicht erst das Schreien!«**

Pulsmessungen

Wenn man das Pferd doch nur fragen könnte, ob es nicht will oder nicht kann ... Man kann, zumindest in einem gewissen Rahmen.
Die Herzfrequenz des Pferdes verrät uns einiges über seinen Trainingszustand, aber auch etwas über empfunden Stress und Schmerz, denn bei Sympathikusaktivität steigt die Herzfrequenz unwillkürlich an. Sie lügt nicht, kein Pferd kann seinen Herzschlag absichtlich erhöhen. Wir nutzen Pulsmessungen (Werte unter Belastung und Erholungswerte direkt nach der Belastung) deshalb sehr häufig und gerade im Rehatraining.
Der Ruhepuls eines gesunden Pferdes liegt bei 32 (mache Quellen sagen 28)

* Barbara Welter-Böller aus: Fazientherapie und Faszientraining

Der Puls wird manuell an der Ganasche gemessen.

Ein Helfer stoppt die Zeit.

Mit ein wenig Übung gelingt das Pulsmessen zügig.

bis 40 Schlägen pro Minute. Ist der Ruhepuls Ihres Pferdes deutlich höher, kann das bereits ein Hinweis auf eine Erkrankung und/oder Schmerzen sein. Den Puls tasten Sie recht einfach direkt vor der Ganasche am Unterkieferast des Pferdes. Hier verläuft die *Arteria facialis* (Gesichtsarterie).

Sobald Sie ein Pochen spüren, schauen Sie auf eine Uhr mit Sekundenzeiger und zählen den gefühlten Puls 15 Sekunden lang. Diesen Wert multiplizieren Sie mit vier. Möglich ist auch die Pulsmessung mit Stethoskop in der Herzregion (Gurtlage links) oder mit einer Pulsuhr plus Elektrodengurt für Pferde.

Kleiner Fitnesstest an der Longe

Der Ruhepuls Ihres Pferdes ist normal? Gut! Um etwas über den Trainingszustand des Pferdes oder einen eventuellen Schmerz beim Laufen herauszufinden, machen wir gern diesen kleinen Test: Wir lassen das Pferd fünf Minuten auf der rechten Hand ohne Ausbinder in seiner gewohnten Umgebung vom Besitzer longieren. Dann wird sofort der Puls gemessen.

Unserer Erfahrung nach liegt er bei gesunden Pferden dann bei 50 bis 70 Schlägen/Minute. Das wird auf der linken Hand wiederholt und nach fünf Minuten erneut gemessen.

Normale Pulswerte aus dem Distanzsport

Herzfrequenz bei verschiedenen Gangarten:

Schritt	(ca. 6 km/h)	->	80
Trab	(ca. 14 km/h)	->	120
Trab	(ca. 18 km/h)	->	140
Galopp	(ca. 20 km/h)	->	160
Galopp	(ca. 30 km/h)	->	200

Anschließend darf das Pferd je fünf Minuten in entspanntem Arbeitstempo traben. Bei einigermaßen fitten und schmerzfreien Pferden messen wir direkt nach dem Trab 60 bis 90 Schläge/Minute. Ist das Pferd im Training, kann man es dann noch fünf Minuten Galopp auf jeder Hand absolvieren lassen.
Normale Werte unmittelbar nachdem das Pferd zum Stehen gekommen ist, sind 80 bis 110 Schläge pro Minute.
Wichtig: Bei einem einigermaßen fitten, schmerzfreien Pferd sinkt der Puls nach einem solchen Test in bekannter, entspannter Umgebung innerhalb einer Minute rapide und ist nach fünf Minuten auf Ruhepulsniveau. Bei gut trainierten Pferden fallen die Pulswerte rapide ab, d.h. dass innerhalb von drei bis vier Minuten der Pulswert auch nach starker Belastung (Distanzritt) auf 64 ist. Pferde, die mehr als 15 Minuten nach der Belastung noch einen Puls von über 64 haben, haben Schwierigkeiten zu regenerieren oder Schmerzen.
Weichen die Werte Ihres Pferdes stark von diesen Werten ab, bemerken Sie einen deutlichen Rechts-/Links-Unterschied oder ist Ihr Pferd nach 15 Minuten nicht auf Ruhepulsniveau, sprechen Sie Ihren Tierarzt darauf an. Eventuell gibt es ein unentdecktes Schmerzproblem oder eine Erkrankung.

DANKE

Dieses Buch gäbe es in dieser Form nicht ohne das Mitwirken besonderer Menschen. Wir danken **Claudia König** von Müller Rüschlikon für ihr Angebot, das Buch in diesem Verlag zu veröffentlichen.

Außerdem danken wir **Barbara Welter-Böller** auch bei diesem Buchprojekt für ihre Zeit, den immer respektvollen und trotzdem unkompliziert-freundschaftlichen Austausch und den hervorragenden fachlichen Input. Ihre Anregungen haben unsere Formulierungen präzisiert.

Danke auch an **Prof. Dr. Christoph Mülling**, Leiter des veterinäranatomischen Instituts der Universität Leipzig, der uns erneut wunderbare Fotos zur Verfügung gestellt hat.

Maresa Mader hat die wunderschönen Fotos geschossen. Ihr Auge und ihre Geduld mit uns lassen unsere Pferde im bestmöglichen Licht erstrahlen.

Vielen Dank auch an **Rebecca Schnelle** und das Team vom Triglishof, wo wir uns zum Fotografieren getroffen haben.

ÜBER DIE AUTORINNEN

Katharina Möller-Weingand und **Claudia Weingand** sind Expertinnen für die Themen Pferdetraining, pferdegerechtes Longieren, Trainingstherapie und Reiten wie es Pferde lieben. Sie sind Autorinnen vieler Fachbücher und Gründerinnen des OsteoDressage/ Delightful Riding-OnlineColleges, das mit erfolgreichen Onlinekursen und Trainingsplänen rund um Reiten, Pferdegesundheit und Pferdetraining Pferdebesitzer, Therapeuten und Tierärzte unterstützt.

Sie bieten eine Ausbildung zur Longieren als Dialog-Trainer*in und Trainingsherapeut*in an und haben bereits ein Netzwerk an Trainerinnen im deutschsprachigen Raum und international geschaffen.

Infos zu Trainingstherapeuten in Ihrem PLZ-Bereich, zu unseren Onlineangeboten zum Pferdetraining, Longieren und Trainingstherapie und zur Ausbildung finden Sie im Onlinecollege unter **www.delightful-riding.de**

Foto: Maresa Mader

LITERATUR ZUM WEITERLESEN

Diemer, Frank; Sutor, Volker: **Praxis der medizinischen Trainingstherapie.** Thieme Verlag, Stuttgart 2011

Ellendorf, Franz: **Leistungstraining für das Pferd. Schlütersche Verlagsgesellschaft.** Hannover 2010

Fischer, Martin und Lilje, Karin: **Hunde in Bewegung.** Kosmos Verlag, Stuttgart 2011

Möller, Katharina: **Basis-Guide für feine Hilfen.** Cadmos Verlag, Schwarzenbek, 2013

Möller, Katharina und Weingand, Claudia: **Biegung. Biomechanik und klassisches Reiten.** Müller Rüschlikon Verlag, Stuttgart 2020

Möller, Katharina und Weingand, Claudia: **Dehnungshaltung. Biomechanik und klassisches Reiten.** Müller Rüschlikon Verlag, Stuttgart 2019

Möller, Katharina: **Feines Dressurreiten im Gelände.** Cadmos Verlag, Schwarzenbek 2014

Möller, Katharina: **Longieren als Dialog.** Cadmos Verlag, Schwarzenbek 2017

Möller, Katharina: **Pferde sinnvoll lösen.** Cadmos Verlag, Schwarzenbek 2014

Nickel, Richard; Schummer, August; Seiferle, Eugen: **Lehrbuch der Anatomie der Haustiere.** Paul Parey, Berlin 1961 (Originalausgabe)

Richtlinien für Reiten und Fahren, Band 1. FN-Verlag, Warendorf 2013

Schleip, Robert: Lehrbuch Faszien: **Grundlagen, Forschung, Behandlung, Elsevier.** Urban & Fischer Verlag, München 2014

van den Berg, Frans: **Angewandte Physiologie Teil 1–3.** Georg Thieme Verlag, Stuttgart 2001

Welter, Maximilian; Welter-Böller, Barbara: **Gutes Training schützt das Pferd, Cadmos Verlag.** Schwarzenbek 2016

Welter, Maximilian; Welter-Böller, Barbara: **Tapingpraxis für Pferd und Reiter.** Welter-Böller Verlag, Overath, 2018

Welter, Maximilian; Welter-Böller, Barbara; Weingand, Claudia: **Die 50 häufigsten Irrtümer in der Pferdeausbildung.** Cadmos Verlag, Schwarzenbek 2017

Welter-Böller, Barbara; Weingand, Claudia: **Einmal überbaut, immer überbaut? Exterieuranalyse und Tipps zum Pferdetraining.** Müller Rüschlikon Verlag, Stuttgart 2019

Folgen Sie uns für mehr Infos zu unseren Pferdebüchern auf:

www.instagram.com/muellerrueschlikon.pferd

www.facebook.com/muellerrueschlikonverlag

Müller Rüschlikon

Links zu interessanten Studien

https://www.ncbi.nlm.nih.gov/pmc/articles/
PMC2928779/

https://www.pferderevue.at/aktuelles/
ausbildung/2019/05/streitthema-fruehes-
anreiten-von-pferden--das-sagt-die-
wissensch.html

https://www.horsetalk.co.nz/2012/09/17/neck-
position-indicator-back-disorders-research/?
fbclid=IwAR1sNZDqarsvSynanqantVFIFZxm4B
JQs6yBX93kTqvDg8ePSyJSaOtxgEs

http://geb.uni-giessen.de/geb/volltexte/2016/
12338/pdf/ButterweckLisa_2016_07_12.pdf

https://journals.plos.org/plosone/article?
id=10.1371/journal.pone.0044604
(Carole Fureix, Ruhehaltung)

https://elib.tiho-hannover.de/servlets/
MCRFileNodeServlet/etd_derivate_
00000067/rehrenk_ss18.pdf

Katharina Möller-Weingand / Claudia Weingand
Reiten wie es Pferde lieben
176 Seiten | 49 Bilder | 18 Strichzeichnungen
ISBN: 978-3-275-02320-2 | € 24,90 | € (A) 25,60

Reiten, Tierschutz und Tierliebe sind keine Gegensätze: Es gibt ein »Reiten wie es Pferde lieben«. Dieses Buch lehrt keine neue Methode, sondern zeigt völlig undogmatisch, wie dieses Ziel für jedes Reiter-Pferd-Paar erreicht werden kann.

Katharina Möller / Claudia Weingand
Galopparbeit
144 Seiten | 85 Bilder | 23 Strichzeichnungen
ISBN: 978-3-275-02253-3 | € 24,90 | € (A) 25,60

Der Galopp ist effizientes Bauchmuskel- und Ausdauertraining, wichtig für die Atemwege des Pferdes und für gesunderhaltendes Reiten unerlässlich. Die Autorinnen erklären, unter welchen Voraussetzungen und warum Galopp nützlich ist, wann er schadet und welche Übungen helfen, um diese Gangart zu verbessern.

Katharina Möller / Claudia Weingand
Dehnungshaltung
144 Seiten | 88 Bilder | 11 Strichzeichnungen
ISBN: 978-3-275-02164-2 | € 24,90 | € (A) 25,60

In diesem Buch treffen Anatomie, Trainingslehre und Therapie auf Reitlehre und Trainingspraxis: Die Autoren erklären, was eine korrekte Dehnungshaltung ausmacht, was dabei im Pferdekörper passiert und welchen Stellenwert sie in der Pferdeausbildung sowie der Trainingslehre hat.

Katharina Möller / Claudia Weingand
Biegung
160 Seiten | 100 Bilder | 22 Strichzeichnungen
ISBN: 978-3-275-02180-2 | € 24,90 | € (A) 25,60

Um das Thema Biegung kommt kein Reiter herum. Ein Pferd jedoch zu lange, zu stark oder falsch zu biegen kann es grob verschleißen und dem reiterlichen Vorankommen im Weg stehen. Die Autorinnen erklären, unter welchen Voraussetzungen und warum Biegung nützlich ist, wann sie schadet und wie sie korrekt entwickelt wird.

Überall, wo es Bücher gibt oder **www.mueller-rueschlikon.de**
Service-Hotline: 0711-78 992 151

Änderungen in Preis und Lieferfähigkeit vorbehalten.

Müller Rüschlikon

Passendes Trainingsequipment.

Der Equizaum® Unique

- ✔ Individuelle Konfiguration
  Größe , Farbe, Funktion
- ✔ Backen- und Ganaschenriemen verschiebbar
- ✔ Wechselbares Polstersystem
- ✔ Flexibler Nasenriemen
  austauschbar, mit oder ohne Verstärkung
- ✔ Multifunktional: Bodenarbeit bis Reiten
- ✔ Seit über zehn Jahren bewährt
  in Training und Therapie.

Equimero®

BAD AIBLINGER HEILMOOR®

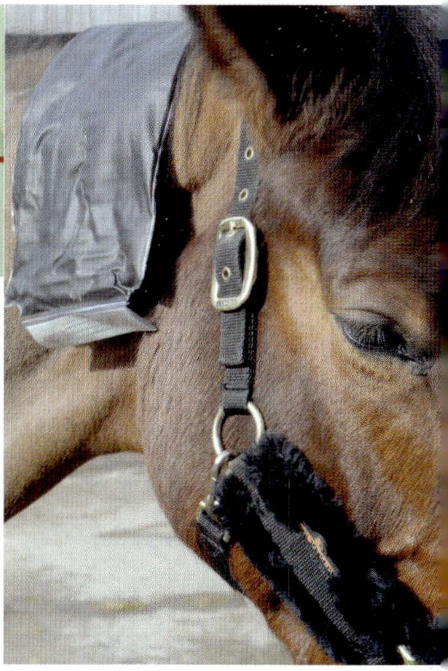

WOHLTUEND FÜR PFERD UND REITER

äußerlich als warmes oder kühlendes Moorkissen

- vor der Therapie
- nach dem Training
- bei Muskelverspannungen des Pferderückens oder -nackens

in Form von Umschlägen mit offenem Heilmoor

- bei entzündlichen oder rheumatischen Erkrankungen der Gelenke
- zur Förderung des Heilungsprozesses nach Verletzungen

innerlich als Beigabe zum Futter oder Wasser

- kann die Verdauung regulieren
- kann das Immunsystem stärken
- kann zur Gesundheit von Haut & Fell beitragen

Panradl Moor GmbH · Austraße 7 · 83569 Vogtareuth · Tel. 08038/9096560

www.aiblinger-moorkissen.de/bad-aiblinger-moor-fuer-pferde/

Den unverzichtbare Ratgeber fürs Pferdewohl jetzt online bestellen unter:
www.cavallo.de/sonderhefte

CAVALLO
Weil wir Pferde lieben